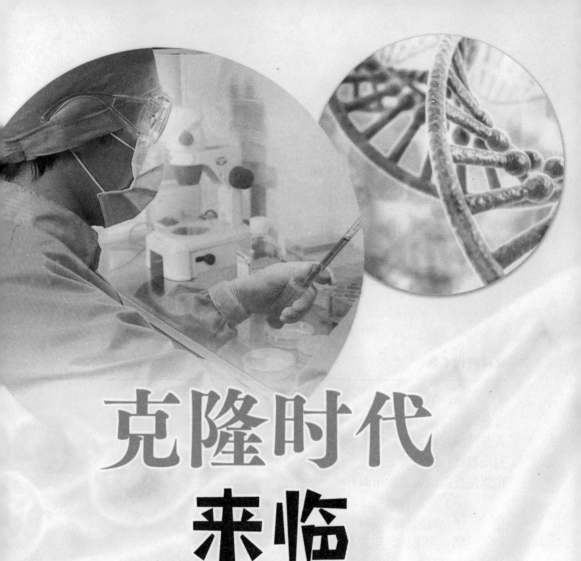

克隆时代来临

王子安◎主编

U0289294

汕头大学出版社

图书在版编目（CIP）数据

克隆时代来临 / 王子安主编. -- 汕头 : 汕头大学
出版社，2012.4（2024.1重印）
ISBN 978-7-5658-0688-9

Ⅰ．①克… Ⅱ．①王… Ⅲ．①克隆－普及读物 Ⅳ.
①Q785-49

中国版本图书馆CIP数据核字(2012)第057617号

克隆时代来临

主　　编：王子安
责任编辑：胡开祥
责任技编：黄东生
封面设计：君阅天下
出版发行：汕头大学出版社
　　　　　广东省汕头市汕头大学内　邮编：515063
电　　话：0754-82904613
印　　刷：唐山楠萍印务有限公司
开　　本：710mm×1000mm　1/16
印　　张：12
字　　数：74千字
版　　次：2012年4月第1版
印　　次：2024年1月第2次印刷
定　　价：55.00元
ISBN 978-7-5658-0688-9

前　言

　　青少年是我们国家未来的栋梁，是实现中华民族伟大复兴的主力军。一直以来，党和国家的领导人对青少年的健康成长教育都非常关心。对于青少年来说，他们正处于博学求知的黄金时期。除了认真学习课本上的知识外，他们还应该广泛吸收课外的知识。青少年所具备的科学素质和他们对待科学的态度，对国家的未来将会产生深远的影响。因此，对青少年开展必要的科学普及教育是极为必要的。这不仅可以丰富他们的学习生活、增加他们的想象力和逆向思维能力，而且可以开阔他们的眼界、提高他们的知识面和创新精神。

　　进入21世纪，人类对自身的认识逐渐变得更加深入化，以破译人类基因组全部遗传信息为目的的科学研究，是当前国际生物医学界攻克的前沿课题之一。克隆技术、基因工程研究正突飞猛进地向前发展，基因概念及其理论的建立，打开了人类了解生命并控制生命的窗口。克隆技术的广泛应用，已经在生物科学方面取得了不少的成果。《克隆时代来临》一书对基因的简介、基因工程的应用、基因检测、基因治疗、人类基因组计划、克隆技术、克隆的贡献与灾难等一些人类目前十分关注的问题进行了详细地介绍，以期让读者对这些急于了解的话题有一个更加明确的认识，从而利用基因造福于人类。

本书属于"科普·教育"类读物，文字语言通俗易懂，给予读者一般性的、基础性的科学知识，其读者对象是具有一定文化知识程度与教育水平的青少年。书中采用了文学性、趣味性、科普性、艺术性、文化性相结合的语言文字与内容编排，是文化性与科学性、自然性与人文性相融合的科普读物。

此外，本书为了迎合广大青少年读者的阅读兴趣，还配有相应的图文解说与介绍，再加上简约、独具一格的版式设计，以及多元素色彩的内容编排，使本书的内容更加生动化、更有吸引力，使本来生趣盎然的知识内容变得更加新鲜亮丽，从而提高了读者在阅读时的感官效果。

尽管本书在编写过程中力求精益求精，但是由于编者水平与时间的有限、仓促，使得本书难免会存在一些不足之处，敬请广大青少年读者予以见谅，并给予批评。希望本书能够成为广大青少年读者成长的良师益友，并使青少年读者的思想能够得到一定程度上的升华。

2012年3月

Contents

目 录

第三章　人类基因组计划

第四章　克　隆

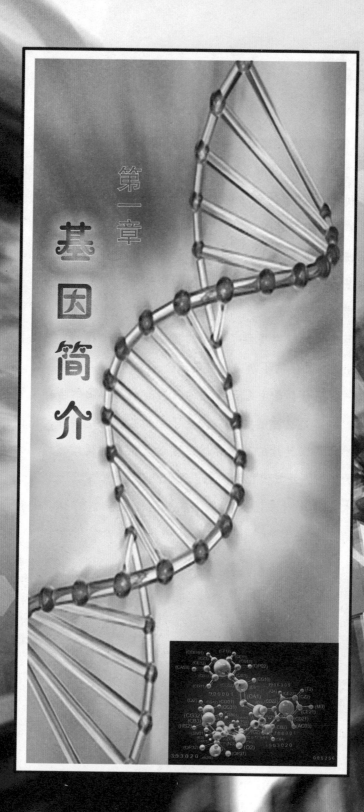

第一章 基因简介

1928年，科学家通过实验证实了DNA是细菌的遗传物质。此后，人们又逐步证实了DNA是一切生命物质遗传信息的携带者。1953年，沃森和克里克DNA的双螺旋结构，近而提出了遗传的"中心法则"。遗传信息的携带者——基因，成为人类生命科学研究的重点。

进入21世纪，人类对自身的认识逐渐变得更加深入化，以破译人类基因组全部遗传信息为目的的科学研究，是当前国际生物医学界攻克的前沿课题之一。研究基因的组成、本质、基因突变等问题为基因工程的研究提供了很大的帮助，基因工程的发展必将带动人类学、动植物学的不断向前发展。

一些生命都是由基因组成的，所有的动植物的生存需要基因的延续，也正是这种延续性，保证了生物物种的遗传性，基因作为生物有机体得以延续的基础物质，在地球生命的延续方面起到了十分重要的作用，是其他相关的因素所取代不了的。

本章通过对基因的简介，从基因的最基本的知识进行介绍，让读者了解基因的几个特点，从而让读者对基因有一个初步的认识。

地球生命的密码

地球是一个孕育生命的大家庭，在这个大家庭里，生命得以延

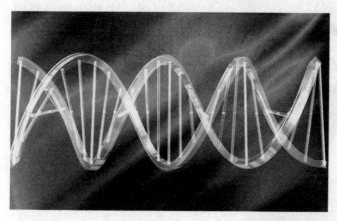

组成的，由A、T、C、G四种核苷酸组成，一个基因就是一般由A、T、C、G按照特定顺序排列而城的DNA片段它的总合就是人类基因组。人体基因组图谱好比是一张能说明构成每一个人体细胞脱

续是因为一种非常基本的物质的排列组合而实现的。因此，基因就好比是生命的密码一样，决定了生物的多样性，把握基因的排列及其组合，对于研究基因工程等其他方面具有很大的帮助。

基因是生命遗传的基本单位，被科学家比喻为生命的密码。经过科学家的研究，发现基因是由DNA

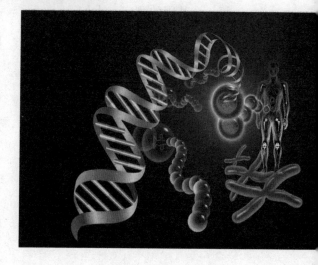

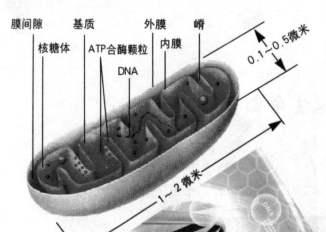

膜间隙　基质　　外膜　嵴
核糖体　ATP合酶颗粒　内膜
　　　　DNA
0.1～0.5微米
1～2微米

氧核糖核酸（DNA）的30亿个碱基对精确排列的"地图"。科学家们认为，通过对每一个基因的测定，人们将能够找到新的方法来治疗和预防许多疾病，如癌症和心脏病等。

基因有两个特点，一是能忠实地复制自己，以保持生物的基本特征；二是基因能够"突变"，突变绝大多数会导致疾病，另外的一小部分是非致病突变。非致病突变给自然选择带来了原始材料，使生物可以在自然选择中被选择出最适合自然的个体。

含特定遗传信息的核苷酸序列，是遗传物质的最小功能单位。除某些病毒的基因由核糖核酸（RNA）构成以外，多数生物的基因由脱氧核糖核酸（DNA）构成，并在染色体上作线状排列。基因一词通常指染色体基因。在真核生物中，由于染色体都在细胞核内，所以又称为核基因。位于线粒体和叶绿体等细胞器中的基因则称为染色体外基因、核外基因或细胞质基因，也可以分别称为线粒体基因、质粒和叶绿体基因。

以破译人类基因组全部遗传信息为目的的科学研究，是当前国际生物医学界攻克的前沿课题之一。据介绍，这项研究中最受关注的是对人类疾病相关基因和具有重要生物学功能基因的克隆分离和鉴定，以此获得对相关疾病进行基因治疗的可能性和生产生物制品的权利。

人类基因项目是国家"863"高科技计划的重要组成部分。在医学上，人类基因与人类的疾病有相关性，一旦弄清某基因与某疾病的具体关系，人们就可以制造出该疾病的基因药物，对人类健康长寿产

生巨大影响。据介绍，人类基因样本总数约10万条，现已找到并完成测序的约有8000条。

近些年我国对人类基因组研究十分关注，在国家自然科学基金、"863计划"以及地方政府等多渠道的经费资助下，已在北京、上海两地建立了具备先进科研条件的国家级基因研究中心。同时，科技人员紧跟世界新技术的发展，在基因

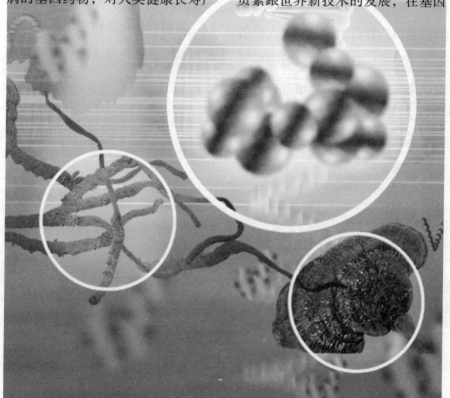

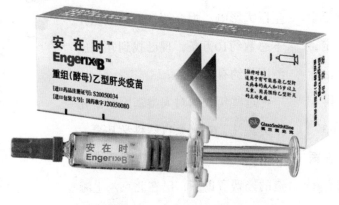

工程研究的关键技术和成果产业化方面均有突破性的进展。我国人类基因组研究已走在世界先进行列，某些基因工程药物也开始进入应用阶段。目前，我国在蛋白基因的突变研究、血液病的基因治疗、食管癌研究、分子进化理论、白血病相关基因的结构研究等项目的基础性研究上，有的成果已处于国际领先水平，有的已形成了自己的技术体系。而乙肝疫苗、重组 α 型干扰素、重组人红细胞生成素以及转基因动物的药物生产器等十多个基因工程药物，均已进入了产业化阶段。基因产业化必将带动其他领域的不断发展，使得人类的研究领域更上一个新的台阶。

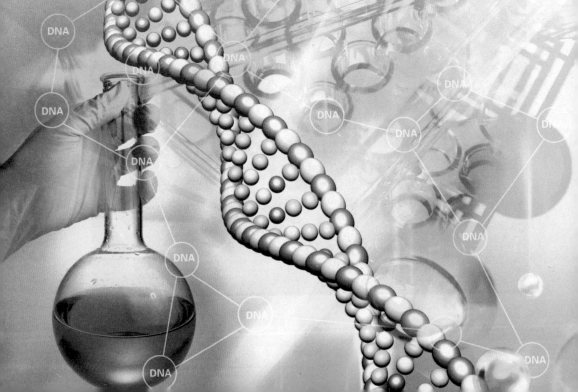

DNA双螺旋结构的发现

20世纪50年代初，英国科学家威尔金斯等用X射线衍射技术对DNA结构潜心研究了3年，意识到DNA是一种螺旋结构。女物理学家弗兰克林在1951年底拍摄到一张十分清晰的DNA的X射线照片。

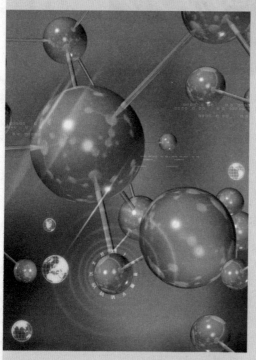

1952年，美国化学家鲍林发表关于DNA三链模型的研究报告，这种模式被称为α螺旋。沃森与威尔金斯、弗兰克林等讨论了鲍林的模型。当威尔金斯出示了弗兰克林在一年前拍下的DNA的X射线衍射照片

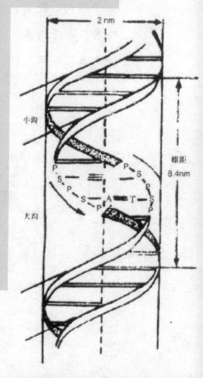

后，沃森看出DNA的内部是一种螺旋形结构，他立即产生了一种新概念：DNA不是三链结构而应该是双链结构。他们继续循着这个思路深入探讨，极力将有关这方面的研究成果集中起来。根据各方面对

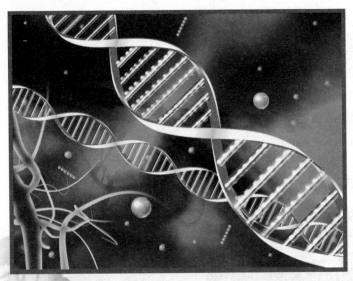

DNA研究的信息和他们的研究分析，沃森和克里克得出一个共识：DNA是一种双链螺旋结构。

这真是一个激动人心的发现！沃森和克里克立即行动，马上在实验室中联手搭建DNA双螺旋模型。从1953年2月22日起奋战，他们夜以继日，废寝忘食，终于在3月7日，将他们想像中的美丽无比的DNA模型搭建成功。沃森、克里克的这个模型正确地反映出DNA的分子结构。此后，遗传的历史和生物学的历史都从细胞阶段进入了分子阶段。由于沃森、克里克和威尔金斯在DNA分子研究方面卓越的贡献，他们共同分享了1962年的诺贝尔生理学或医学奖。

基因的载体

科学技术在不断地进步，因此，人们对基因的认识也在不断地发展。在19世纪60年代，遗传学家孟德尔就提出了生物的性状是由遗传因子控制的观点，但这仅仅是一种逻辑推理的产物。20世纪初期，染色体是基因载体的结论被科学家提了出来，通过果蝇的遗传实验，科学家认识到：基因存在于染色体上，并且在染色体上是呈线性排列。

◎ **参与调度的重叠基因**

所谓重叠基因是指两个或两个以上的基因共有一段DNA序列，或是指一段DNA序列成为两个或两个以上基因的组成部分。重叠基因有多种重叠方式。例如，大基因内包含小基因；前后两个基因首尾重叠一个或两个核苷酸；几个基因的重叠，几个基因有一段核苷酸序列重叠在一起，等等。重叠基因中不仅有编码序列也有调控序列，说明基因的重叠不仅是为了节约碱基，能经济

和有效地利用DNA遗传信息量，更重要的可能是参与对基因的调控。

1945年，G.W.比德尔通过对脉孢菌的研究，提出了一个基因一种酶假设，认为基因的原初功能都是决定蛋白质的一级结构（即编码组成肽链的氨基酸序列）。这一假设在20世纪50年代得到充分的验证。

1977年，科学家们发现了重叠基因的存在。早在1913年，A.H.斯特蒂文特已在果蝇中证明了基因在染色体上作线状排列，50年代对基因精细结构和顺反位置效应等研究的结果也说明基因在染色体上是一个接着一个排列而并不重叠。但是1977年F.桑格在测定噬菌体ΦX174的DNA的全部核苷酸序列时，却意外地发现基因D中包含着基因

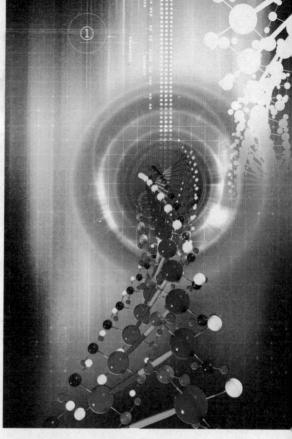

E。基因E的第一个密码子（见遗传密码）从基因D的中央的一个密码子TAT的中间开始，因此两个部分重叠的基因所编码的两个蛋白质非但大小不等，而且氨基酸也不相同。在某些真核生物病毒中也发现有重叠基因。

断裂的基因也是在1977年发现的，它是内部包含一段或几段最后不出现在成熟的mRNA中的片段的基因。这些不出现在成熟的mRNA中的片段称为内含子，出现在成熟

的mRNA中的片段则称为外显子。

可以移动位置的基因（见转座因子）首先于20世纪40年代中在玉米中由B.麦克林托克发现，但是，当时并没有受到重视。20世纪60年代末在细菌中发现一类称为插入序列的可以转移位置的遗传因子IS，它们本身没有表型效应，可是在插入别的基因中间时能引起插入突变。20世纪70年代早期又发现细菌质粒上的某些抗药性基因可以转移位置。细菌中的这类转座子（Tn）

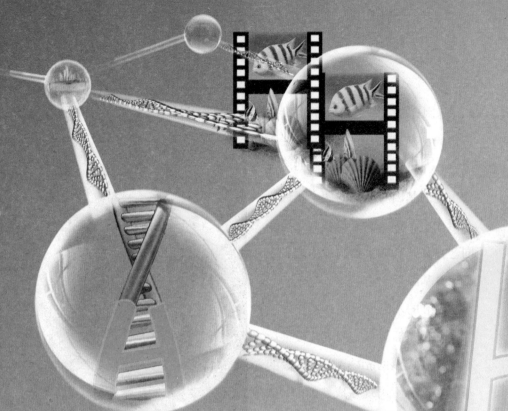

到80年代已经发现不下20种，它们分别带有不同的抗药性基因，能在不同的复制子之间转移位置，例如从质粒转移到染色体、噬菌体以及别的质粒上等。当他们转移到某一基因中间时，便引起一个插入突变。类似于细菌转座子的可以转移位置的遗传因子在玉米以外的真核生物中也已经发现，例如酵母菌中的接合因子基因，以及果蝇白眼基因中的转座因子等。转座因子的研究也已成为分子遗传学中的一个重要方面。

功能、类别和数目到目前为止在果蝇中已经发现的基因不下于1000个，在大肠杆菌中已经定位的基因大约也有1000个，即便由于基因决定的性状虽然千差万别，但是许多基因的原初功能却基本相同。

孟德尔

　　1822年，即拿破仑死后第二年，孟德尔生于当时奥地利西里西亚德语区一个贫穷的农民家庭。他幼年名叫约翰·孟德尔，是家中五个孩子中唯一的男孩。他的故乡素有"多瑙河之花"的美称，村里人都爱好园艺。

　　一个叫施赖伯的人曾在他的故乡开办果树训练班，指导当地居民培植和嫁接不同的植物品种。孟德尔的超群智力给他留下深刻印象。他说服孟德尔的父母送这个男孩进入更好的学校继续其学业。1833年，孟德尔进入一所中学。1840年，考入一所哲学学院。在大学中，他几乎身无分文，不得不经常为求学的资金而奔波。1843年，大学毕业后，21岁的他进入了修道院，不是由于受到上帝的感召，而是由于他感到"被迫走上生活的第一站，而这样便能解除他为生存而做的艰苦斗争"。因此，

对于孟德尔来说，"环境决定了他职业的选择"。

1856年，从维也纳大学回到布

鲁恩不久，孟德尔就开始了长达8年的豌豆实验。孟德尔首先从许多种子商那里，弄来了34个品种的豌豆，从中挑选出22个品种用于实验。它们都具有某种可以相互区分的稳定性状，例如高茎或矮茎、圆料或皱科、灰色种皮或白色种皮等。

孟德尔通过人工培植这些豌豆，对不同代的豌豆的性状和数目进行细致入微的观察、计数和分析。运用这样的实验方法需要极大

的耐心和严谨的态度。他酷爱自己的研究工作，经常向前来参观的客人指着豌豆十分自豪地说："这些都是我的儿女！"

孟德尔做过两个双变化因子杂交和一个三变化因子杂交试验。结果与他根据上述理论的预测非常吻合。各种实验证明了他的理论假定是正确的。他已经解开了遗传之谜，得到了遗传的重要规律。对孟德尔的发现，后人归纳为两条定律：（1）分离律：基因不融合，而是各自分开；如果双亲都是杂种，后代以3显性：1隐性的比例分

离；（2）自由组合律：每对基因自由组合或分离，而不受其他基因的影响。

孟德尔的上述杰出研究成果都体现在他1865年的论文与1866年布隆会议录上。这一会议录曾寄给约120个图书馆，此外40本此论文的单行本也曾发给其他的植物学家们。然而，孟德尔的非凡工作除了被德国植物学家福克等个别人提到外，可以说在当时几乎没有产生任何反响，孟德尔的研究成果被完全忽视了。

这篇伟大的论文在被忽视了30多年后，于二十世纪初被三位植物学家各自独立地发现。于是，这位生前默默无闻的先驱获得了重新评价，他的论文也被公认为开辟了现代遗传学。1965年，英国一位进化论专家在庆祝孟德尔上述论文发表100周年的讲话中，说"一门科学完全诞生于一个人的头脑之中，这是唯一的一个例子"。在同年的另一次演讲中，他更明确地指出："准确地说出一门科学分支诞生的时间和地点的事是稀奇的，遗传学是个例外，它的诞生归功于一个人：孟德尔。是他于1865年的2月8日和3月8日在布尔诺阐述了遗传学的基本规律。"

◎ 揭开染色体的神秘面纱

在细胞核内由核蛋白组成、能用碱性染料染色、有结构的线状体或杆状物就是染色体，染色体是遗传物质基因的载体。1888年，染色体这个名词首先由瓦尔德提出。染色体为细胞中最重要的遗传结构。对染色体的结构与功能的研究一直是细胞学、遗传学中的重大课题。染色体可被翻红、醋酸洋红、地衣红、结晶紫、苏木精、吉姆萨和孚尔根染液等染色。

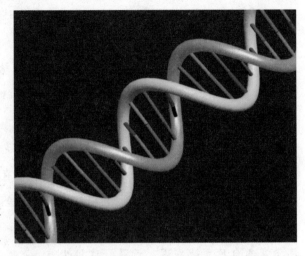

在生物的细胞核中，有一种物质叫做染色质，它是一种易被碱性染料染上颜色的物质。染色体只是染色质的另外一种形态。它们的组成成分是一样的，但是由于构型不一样，所以还是有一定的差别。

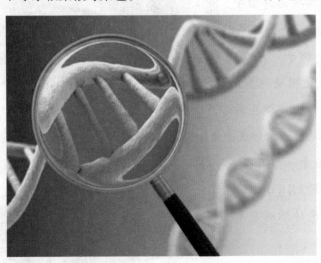

染色体在细胞的有丝分裂间期由染色质螺旋化形成。用于化学分析的原核细胞的染色质含裸露的DNA，也就是不与其他类分子相连。而真核细胞染色体却复杂得多，

由四类分子组成：即DNA、RNA、组蛋白（富有赖氨酸和精氨酸的低分子量碱性蛋白，至少有五种不同类型）和非组蛋白

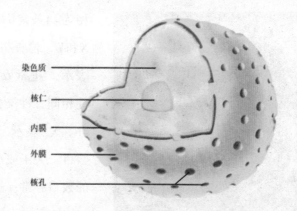

染色质————
核仁————
内膜————
外膜————
核孔————

（酸性）。DNA和组蛋白的比例接近于1:1。

正常人的体细胞染色体数目为23对，并有一定的形态和结构。染色体在形态结构或数量上的异常被成为染色体异常，由染色体异常引起的疾病为染色体病。现已发现的染色体病有100余种，染色体病在临床上常可造成流产、先天愚型、先天性多发性畸形、以及癌肿等。染色体异常的发生率并不少见，在一般新生儿群体中就可达0.5%~0.7%。在早期自然流产时，约有50%~60%是由染色体异常所致。染色体异常发生的常见原因有电离辐射、化学物品接

触、微生物感染和遗传等。临床上染色体检查的目的就是为了发现染色体异常和诊断由染色体异常引起的疾病。

染色体检查是用外周血在细胞

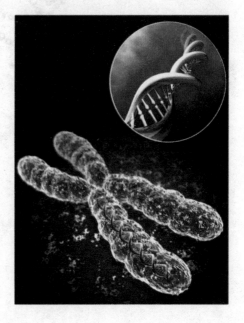

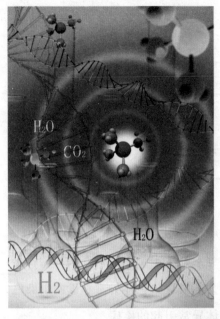

型为44条常染色体加2条性染色体X和Y，检查报告中常用46，XY来表示。正常女性的常染色体与男性相同，性染色体为2条XX，常用46，XX表示。46表示染色体的总数目，大于或小于46都属于染色体的数目异常。缺失的性染色体常用O来表示。

人体内每个细胞内有都23对染色体，其中包括22对常染色体和一对性染色体，性染色体包括：X染色体和Y染色体。含有一对X染色体的受精卵发育成女性，而具有一条X染色体和一条Y染色体者则发育成男性。这样，对于女性来说，正常的性染色体

生长刺激因子——植物凝集素（PHA）作用下经37℃，72小时培养，获得大量分裂细胞，然后加入秋水仙素使进行分裂的细胞停止于分裂中期，以便染色体的观察；再经低渗膨胀细胞，减少染色体间的相互缠绕和重叠，最后用甲醇和冰醋酸将细胞固定于载玻片上，在显微镜下观察染色体的结构和数量。正常男性的染色体核

组成是XX，男性是XY。这就意味着，女性细胞减数分裂产生的配子都含有一个X染色体；男性产生的精子中有一半含有X染色体，而另一半含有Y染色体。精子和卵子的染色体上携带着遗传基因，上面记录着父母传给子女的遗传信息。同样，当性染色体异常时，就可形成遗传性疾病。男性不育症中因染色体异常引起者约占2%～21%，尤其以少精子症和无精子症多见。

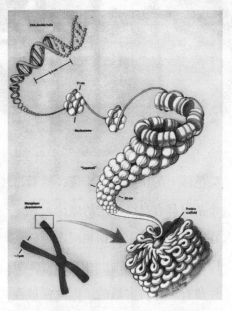

在通常的二倍体的细胞或个体中，能维持配子或配子体正常功能的最低数目的一套染色体称为染色体组或基因组，一个基因组中包含一整套基因。相应的全部细胞质基因构成一个细胞质基因组，其中包括线粒体基因组和叶绿体基因组等。原核生物的基因组是一个单纯的DNA或RNA分子，在生物学上通常把它称为基因带，基因带即是我们所说的染色体。

基因在

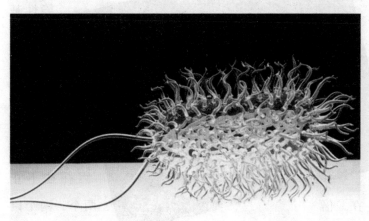

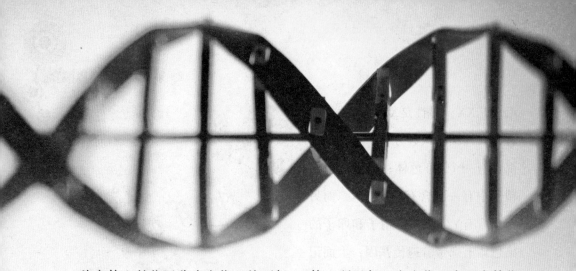

染色体上的位置称为座位,然而每个基因都有自己特定的座位。凡是在同源染色体上占据相同座位的基因都称为等位基因。在自然群体中往往有一种占多数的(因此常被视为正常的)等位基因,称为野生型基因;同一座位上的其他等位基因一般都直接或间接地由野生型基因通过突变产生,相对于野生型基因,称它们为突变型基因。在二倍体的细胞或个体内有两个同源染色体,所以每一个座位上有两个等位基因。如果这两个等位基因是相同的,那么从这个基因座位来讲,这种细胞或个体称为纯合体;如果这两个等位基因是不同的,就称为杂合体。在杂合体中,两个不同的等位基因往往只表现一个基因的性状,这个基因称为显性基因,另一个基因则称为隐性基因。

在二倍体的生物群体中,等位基因往往不止两个,两个以上的等位基因

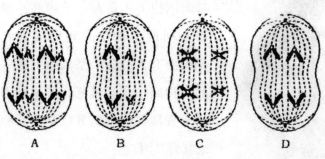

A　　B　　C　　D

另称为拟等位基因。某些表型效应差异极少的复等位基因的存在很容易被忽视，通过特殊的遗传学分析可以分辨出存在于野生群体中的几个等位基因。通常，我们把这种从性状上难以区分的复等位基因叫做同等位基因。在基因中，许多编码同工酶的基因也是同等位基

称为复等位基因。但是，在早期有一部分被认为是属于复等位基因的基因，实际上并不是真正的等位，而是在功能上密切相关、在位置上又邻接的几个基因，所以把它们

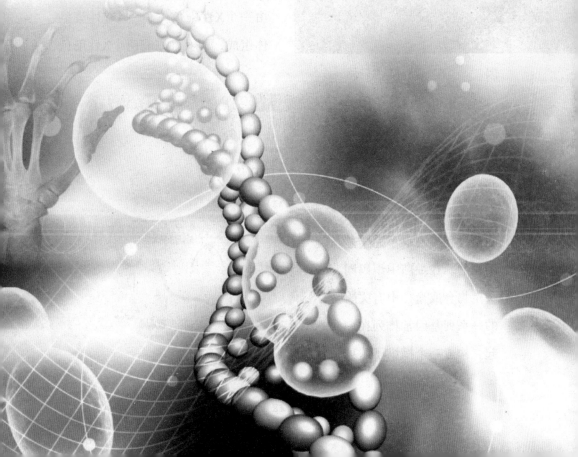

基因调控）；在人、果蝇和小鼠等不同的生物中，也常发现在作用上有关的几个基因排列在一起，构成一个基因复合体或基因簇或者称为一个拟等位基因系列或复合基因。

科学家们通过明白了染色体就是遗传基因的载体之后，做了大量的实验最后得出了这样的结论：人体共有22对常染色体和1对性染色体。男女的性染色体不同，男性由一个X性染色体和一个Y性染色体组成，而女性则有两个X性染色因。

连锁群是由属于同一染色体的基因构成的。基因在染色体上的位置一般并不反映它们在生理功能上的性质和关系，但它们的位置和排列也不完全是随机的。在细菌中编码同一生物合成途径中有关酶的一系列基因常排列在一起，构成一个操纵子（见

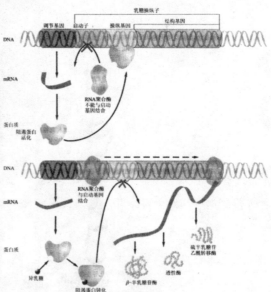

体。第22对染色体是常染色体中最后一对，形体较小，但它与精神分裂、免疫系统、先天性心脏病、智力迟钝和白血病以及多种癌症相关。

遗传的染色体学说的证据来自于这样的实验，一些特殊基因的遗传行为和性染色体传递的关系。性染色体在高等真核生物的两种性别中是不同的。性染色体的发现为Sutton-Boveri的学说提供了一个实验证据。

德国的细胞学家亨金在孟德尔以前曾经用半翅目的昆虫蝽做实验，发现减数分裂中雄体细胞中含11对染色体和一条不配对的单条染色体，在第一次减数分裂时，它移

向一极，亨金无以为名，就称其为"X"染色体。后来在其他物种的雄体中也发现了"X"染色体。

1900年，麦克朗等就发现了决定性别的染色体。他们采用的材料多为蚱蜢和其他直翅目昆虫。1902年麦克朗发现了一种特殊的染色体，称为副染色体。在受精时，它决定昆虫的性别。1906年威尔逊观察到另一种半翅目昆虫的雌体有6对染色体，而雄性只有5对，另外加一条不配对的染色体，威尔逊称其为X染色体，其实雌性是有一对性染色体，雄性为XO型。

在1905年斯蒂文斯发现拟步行虫属中的一种甲虫雌雄个体的染色

体数目是相同的，但在雄性中有一对是异源的，大小不同，其中有一条雌性中也有，但是是成对的；另一条雌性中怎么也找不到，斯蒂文斯就称之为Y染色体。在黑腹果蝇中也发现了相同的情况，果蝇共有4对染色体，在雄性中有一对是异形的染色体。在1914年塞勒证明了在雄蛾中染色体都是同形的，而在雌蛾中有一对异形染色体。他们根据异形染色体的存在和性别的相关性，发现了性染色体，现在已完全证实了他们的推论是完全正确的。严格地说异形染色体的存在仅是一条线索，并不能仅仅凭此就把它当作证据，不能因为存在异形染色体，就表明其为性染色体。一定要通过实验证明这条染色体上存在决定性别的主要基因，方能定论。

 **知识拓展**

蝽

蝽旧称蝽象。异翅目蝽科约5000种昆虫的统称，英文名称取自它们分泌的一种恶臭液体。此类昆虫有臭腺孔，能分泌臭液，在空气中挥发成臭气，所以又有放屁虫、臭板虫、

臭大姐等俗名。凡是它沾过的植物、水或叶上都会留下这种臭味，闻之令人作呕。中国已知约500种。

当它们栖息在树皮或叶上时，这些昆虫多会伪装它们的颜色（棕、绿或金属色）和形状（椭圆、宽或稍微有点凸），融入其中。头和前胸构成一个尖端向前的三角形。有些种类（盾蝽科）背上的这种三角形（小盾板）区很大，形成一个突出的盾牌状，遮住整个腹部。

蝽体长一般为0.2～0.5英寸。黄角蝽例外，分布于全世界，长2英寸以上，颜色鲜艳，有红、蓝、黑或橙等色，有的种雌雄异形。

蝽在凉爽地带以成虫越冬；在温暖地区则于冬季不甚活跃。雌虫产百来个卵，卵桶状、色艳的连成排或成串。有的雌虫会守候在卵或初孵

幼虫旁。

有些种如东方的荔蝽有发音器，受惊时发出嘈杂的声音。荔蝽还能把臭液喷出6～12英寸远。蝽科昆虫之间差异很大，以致有的学者把它分成不同的科。盾蝽科长0.3～0.4英寸，胸部盾形，几乎遮住整个腹部，如中东和中亚的谷物害虫扁盾蝽（扁盾蝽属）。

蝽以植物为食，可使果实变色或生斑；有的吃其他昆虫。最重要的一种害虫是卷心菜斑色蝽。稻绿蝽分布于全世界，危害豆类、浆果类、番茄以及其他蔬果。北美的稻蝽可造成水稻严重损失。

防治蝽的方法包括使用杀虫剂以及清除其过冬的地点和轮换的宿主。然而，蝽类并非全都是害虫。刺益蝽属捕食科罗拉多马铃薯甲虫的幼虫和其他植物害虫。中国的蓝蝽捕食甲虫成虫和幼虫。墨西哥、非洲和印度的某些地区还有人以蝽为食物。

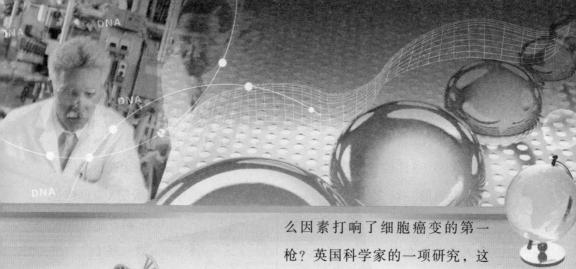

◎ 某些疾病的罪魁祸首

人类基因组就好比是一本厚重的书，由23章组成，而每章都有它自己的故事。到目前为止，已经完成基因测序的常染色体还包括5、6、7、9、10、13、14、16、19、20、21、22染色体。染色体疾病的特点是大段的基因缺损或重复而使患者的智力和外观发育甚至身体多个器官发生明显异常，如唐氏综合症和微缺损症。

科学家已经发现了许多在癌症重起作用的因素，但到底是什么因素打响了细胞癌变的第一枪？英国科学家的一项研究，这一老理论提供了新证据：染色体不稳定、数目异常，可能是癌症的根源。几乎所有的癌细胞的染色体数目都不正常，有的丢失了染色体，有的获得多余的染色体。

早在1914年，一位德国生物学家就提出了染色体数目异常导致癌症的理论，但是一直没有有力的证据。英国癌症研究所的科学家说，他们对8个家庭进行DNA检测，这些家庭里都存在一种遗传病，患者体内超过1/4细胞

的染色体数目不正常，而且儿童期癌症病发率比常人高。

2005年3月17日，在Nature杂志上发表的一篇文章宣告基本完成对人类X染色体的全面分析。对X染色体的详细测序是英国Wellcome Trust Sanger研究中心领导下世界各地多所著名学院超过250位基因组研究人员共同完成的，是人类基因组计划的一部分。

从属于NIH的美国国家人类基因组研究院的负责人弗朗西丝·柯林斯博士表示"对X染色体的详细研究成果代表了生物学和医药学领域进展的一个新的里程碑。"新的研究确认了X染色体上有1098个蛋白质编码基因，有趣的是，这1098个基因中只有54个在对应的Y染色体上有相应功能。

染色体研究是临床遗传学研究的基础。测序结果表明X染色体包涵多达1100种基因。但另人吃惊的是，与之相关的疾病也有百余种，如X染色体易碎症、血友病、孤独症、肥胖肌肉萎缩病和白血病等。

X染色体对应的另一半就是Y染色体。人类Y染色体的测序工作也已经完成，并且发现它并没有人们之前想象的那样脆弱。Y染色体上有一个"睾丸"决定基因则对性别决定至关重要。目前已经知道的与Y染色体有关的疾病有十几种。

知识拓展

Y染色体要消亡了

Y染色体支撑人类繁衍

科学家们在很久以前就对染色体的研究开始感兴趣了。因为女性体内不存在Y染色体，这本身就是吸引科学家的一个研究课题。科学家们认为，Y染色体是由于X染色体失去数千个基因后突变造成的结果，变异后的Y染色体与原来的X染色体形成XY染色体对。尽管Y染色体已被证明十分稳定，并且存在了数百万年以上。可是，遗传信息的泄露是不可避免的。

可以说Y染色体支撑着人类的繁衍生息，但令人不安的是，它异常"脆弱"，且本身

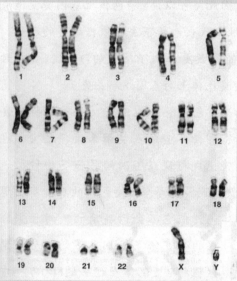

存在缺陷。来自剑桥怀特黑德生物研究所的大卫·佩奇认为Y染色体很好地完成了自己的责任。在漫长的约3亿年的进化过程中，Y染色体包含的约1500个基因已经至少失去了数百个。由于Y染色体是通过男

性精子传给下一代的，染色体每多复制一次，发生基因突变的可能性就大一点。基因突变会使新一代Y染色体不能百分之百地遗传上一代Y染色体的功能，这样，经过一段时间后，原始Y染色体的功能就会不复存在。

Y染色体基因逐渐丢失

在遗传的过程中，母亲的X染色体既可以传给儿子也可以传给女儿，而Y染色体只能由父亲传给儿子。因此，可以说Y染色体上基因突变造成的损失是永久性的，并且会在男性中代代遗传下去。依据这样的理论，由于Y染色体重组能力下降，不能有效更正出了问题的DNA，会导致DNA链不断毁坏和缩短，从而使Y染色体上的基因逐渐丢失。

有科学家预言：1000万年后Y染色体将可能消失，男子汉将不复存在！如果这一切成为现实的话，即使不会给人类带来灭顶之灾，也会导致种属变化，也就是说人类将变成与现在不同的另一类物种。

佩奇认为，地球不会变成"女儿国"。尽管Y染色体的功能有所退

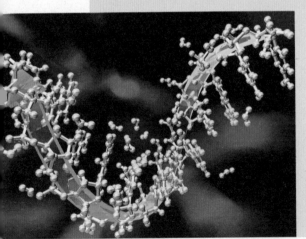

化，但它不会彻底消亡。对于黑猩猩的研究给了我们更多的希望，黑猩猩的Y染色体在过去的600万年中只失去了5个基因，而人类的基因要比科学家原来想象的稳定得多。有的科学家提出，人类也许会在将来找到替代Y染色体功能的其他基因组。他们相信人类在进化过程中总会找到更好地繁殖后代的方法。

基因的本质

　　进入20世纪50年代以后，沃森和克里克借助于分子遗传学的发展，提出双螺旋结构，至此以后人们才真正认识了基因的本质，即基因是具有遗传效应的DNA片断。研究结果还表明，每条染色体只含有一个DNA分子，每个DNA分子上有多个基因，每个基因含有成百上千个脱氧核苷酸。不同基因的脱氧核苷酸的排列顺序（碱基序列）的不同，决定了不同的基因含有不同的遗传信息。

　　1869年德国生物化学家米歇尔最早发现DNA这种化合物的存在。在之后的近一个世纪里，许多科学家进行了大量的研究和探讨，分析DNA的化学结构和组成，并努力探索这蕴涵生命奥秘的物质的结构，希望揭开DNA结构的神秘面纱。1944年，发现的DNA（脱氧核糖核酸）可能携带遗传信息。

◎ 遗传基因藏身何处

人们已经通过实验证实了孟德尔遗传定律的正确性，但孟德尔学说中的遗传物质——"遗传因子"究竟在哪里？

19世纪70年代后的20多年里，显微镜、切片机和化学染料的改进和发明，促进了细胞学的研究。

1879年，德国生物学家W·弗莱明就在细胞核内发现了一种可以被碱性红色染料染色的"微粒状特殊物质"，他称之为"染色质"。10年后，德国解剖学家瓦尔德耶尔将染色质改称为"染色体"。此后，科学家们又发现了染色体与细胞分裂的关系，意识到染色体可能是遗传的重要物质，这就为孟德尔的遗传因子假说提供了可靠的证据。

1903年，美国细胞学家W·萨顿在实验中发现：染色体的

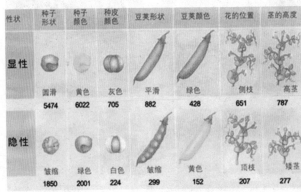

性状	种子形状	种子颜色	种皮颜色	豆荚形状	豆荚颜色	花的位置	茎的高度
显性	圆滑 5474	黄色 6022	灰色 705	平滑 882	绿色 428	侧枝 651	高茎 787
隐性	皱缩 1850	绿色 2001	白色 224	皱缩 299	黄色 152	顶枝 207	矮茎 277

行为与孟德尔的遗传因子的行为是平行的，只要假定遗传因子在染色体上，孟德尔所提出的分离定律和自由组合定律的机制就可以得到合理的解释。这一推论被后来的研究所证实，为遗传的染色体学说奠定了基础。

但是，染色体是否就是遗传因子呢？生物体内的染色体数目很少，如豌豆只有7对染色体，果蝇只有4对染色体，而遗传特性却很多。萨顿猜想：每条染色体上一定是带有多个遗传因子。1906年，英国生物学家贝特森发现豌豆的某些遗传特征总是与另一些特征一起遗传的。这说明萨顿

的猜想是有道理的。

萨顿和贝特森对于基因是否真的存在于染色体之中的问题还只是个猜想。首先以实验结果证实这一猜想的是美国生物学家摩尔根。

在开始的时候，由于仅限于理论性的知识，没有一定的事实作依据，因此摩尔根对孟德尔遗传因子学说持怀疑态度。摩尔根对依靠类比、假设、推断得出的结论不感兴趣，他更相信实验的结果，不管实验的结果是证实还是否定自己的观点。

1909年，摩尔根开始通过果蝇实验研究遗传现象。第二年，他在

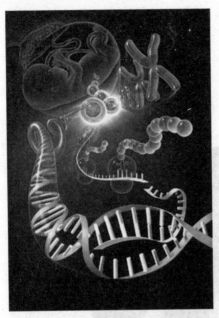

一群红眼果蝇中发现了一只白眼雄果蝇。当他用这只白眼雄果蝇同红眼雌果蝇交配后，第二代白果蝇竟全都是雄性的。当时其他科学家已经证明了性别是由染色体决定的，因此白眼基因一定是与雄性基因同在一条染色体上。这便成为在人类获得的染色体是基因载体的第一个实验的有力证据。通过进一步的实验，摩尔根得出了一条染色体上可以有许多个基因的结论。

◎ 基因的遗传物质——DNA

DNA即脱氧核糖核酸，是染色体的主要化学成分，同时也是基因组成的，有时被称为"遗传微粒"。DNA是一种分子，可组成遗传指令，以引导生物发育与生命机能运作。

DNA被誉为可比喻为"蓝图"或"食谱"，其主要功能是长期性的资讯储存。其中包含的指令，是建构细胞内其他的化合物，如蛋白质与RNA所需。带有遗传讯息的DNA片段称为基因，其他的DNA序列，有些直接以自身构造发挥作

用，有些则参与调控遗传讯息的表现。

DNA即单体脱氧核糖核酸聚合而成的聚合体——脱氧核糖核酸链。在繁殖过程中，父代把它们自己DNA的一部分（通常一半，即DNA双链中的一条）复制传递到子代中，

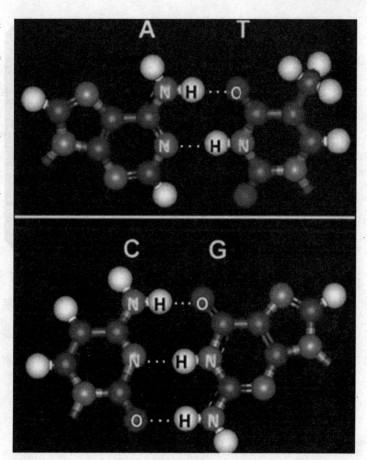

从而完成性状的传播。因此，化学物质DNA会被称为"遗传微粒"。原核细胞的拟核是一个长DNA分子。真核细胞核中有不止一个染色体，每条染色体上含有一个或两个DNA。但是，它们一般都比原核细胞中的DNA分子大而且和蛋白质结合在一起。DNA分子的功能是贮存决定物种性状的几乎所有蛋白质和RNA分子的全部遗传信息；编码和设计生物有机体在一定的时空中有序地转录基因和表达蛋白完成定向发育的所有程序；初步确定了生物独有的性状和个性以及和环境相互作用时所有的应急反应。除染色体DNA外，有极少量结构不同的

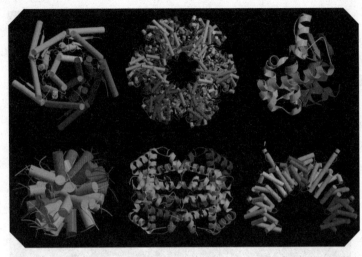

身就拥有特殊功能。

◎ 破译DNA的立体结构

虽然人们已经对DNA的化学成分有所了解，但是还并没有弄明白脱氧核糖、磷酸和四种碱基是如何组成多核苷酸链的原因，因此，对于这个问题，众多的科学家并没有取得一致的见解。

DNA存在于真核细胞的线粒体和叶绿体中。DNA病毒的遗传物质也是DNA，极少数为RNA。

DNA的组成单位称为脱氧核苷酸，是一种长链聚合物，而糖类与磷酸分子借由酯键相连，组成其长链骨架。每个糖分子都与四种碱基里的其中一种相接，这些碱基沿着DNA长链所排列而成的序列，可组成遗传密码，是蛋白质氨基酸序列合成的依据。读取密码的过程称为转录，是根据DNA序列复制出一段称为RNA的核酸分子。此外，多数RNA带有合成蛋白质的讯息，另有一些如rRNA、snRNA与siRNA其本

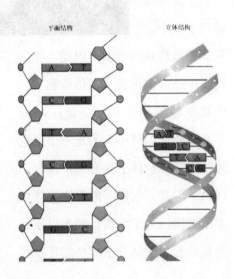

平面结构　　　　立体结构

直到1953年富兰克林拍摄了一张DNA纤维B型照片，当沃森看到这张片子时激动得话也说不出来了，他的心怦怦直跳，因为从这张片子上完全可以断定DNA的结构是一个螺旋体。当沃森骑着自行车回到学校，进门的时候，他已打定了主意要亲自制作一个DNA双链模型。沃森认为，自然界中的事物，如机体内部的各种器官和细胞内的染色体都是成双成对的，DNA分子可能是一种双链结构。他的这种想法得到了克里克认可。于是他们两人便想尽办法用纸和铁丝制作模型。

在DNA分子的双链螺旋结构中：①共有四种碱基对：AT对、TA对、GC对、CG对。②一般DNA

每螺旋一周要绕过10对碱基，在一对脱氧核苷酸之间的长度为2纳米，相邻两对碱基之间的距离为0.34纳米，一个螺旋为3.4纳米。这些都体现出DNA结构的稳定性。

这样的螺旋结构对链上的脱氧核苷酸顺序无任何限制。因此，DNA分子中的脱

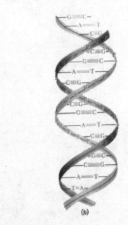

氧核苷酸的排列顺序千变万化。正是由于这种排列的千变万化的最后

使得我们赖以生存的生物界的多样性，由于这样的多样性，人们明白了在偌大的地球上找不到一样的两个指纹相同的人。

发现DNA的基本构造是人类在生物学方面取得的重大收获和成功。这一发现将在人类研究生物学方面起到巨大的推动作用。双螺旋结构显示出DNA分子在细胞分裂时能够复制，完善地解释了生命体要繁衍后代，物种要保持稳定，细胞内必须有遗传属性和复制能力的机理。这一发现标志着沃森和克里克终于揭示出了基因复制和遗传信息传递的奥秘，并且，这项发现必将在生命科学以及生物技术学方面引发一场重大的变革。

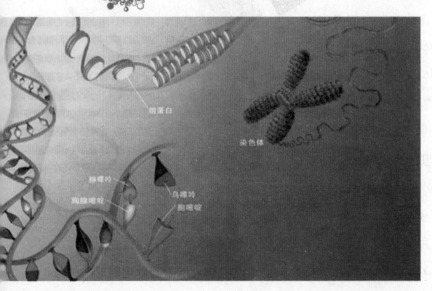

组蛋白
染色体
腺嘌呤
胞腺嘧啶
鸟嘌呤
胸腺嘧啶

基因突变

由于DNA分子中发生碱基对的增添、缺失或改变，而引起的基因结构的　　　　改变，就叫做基因突变。

通常基因突变可引起一定的表型变化。从广义范围上讲，突变包括染色体畸变。从狭义范围来讲，突变专指点突变。实际上畸变和点突变的界限并不明确，特别是微细的畸变更是如此。野生型基因通过突变成为突变型基因。因此，突变型一词既指突变基因，也指具有这一突变基因的个体。

通常，基因突变发生在DNA复制时期，即细胞分裂间期，包括有丝分裂间期和减数分裂间期；同时基因突变和脱氧核糖核酸的复制、DNA损伤修复、癌变和衰老都有关系，基因突变也是生物进化的重要因素之一，因此，在研究基因突变的时候，除了其本身的理

友爱·更坚强

中华慈善总会拜科奇血友病患者援助项目

论意义以外还有广泛的生物学意义。基因突变为遗传学研究提供突变型，为育种工作提供素材，所以它还有科学研究和生产上的实际意义。

　　在生物学中，基因组DNA分子发生的突然的可遗传的变异叫做基因变异。从分子水平上看，基因变异是指基因在结构上发生碱基对组成或排列顺序的改变。基因虽然十分稳定，能在细胞分裂时精确地复制自己，但这种隐定性是相对的。在一定的条件下，基因也可以从原来的存在形式突然改变成另一种新的存在形式，就是在一个位点上，突然出现了一个新基因，代替了原有基因，这个基因叫做变异基因。于是后代的表现中也就突然地出现祖先从未有的新性状。例如英国女王维多莉亚家族在她以前没有发现过血友病的病人，但是她的一个儿子患了血友病，成了她家族中第一个患血友病的成员。后来，又在她的外孙中出现了几个血友病病人。很显然，在她的父亲或母亲中产生了一个血友病基因的突变。这个突变基因传给了她，而她是杂合子，所以表现型仍是正常的，但却通过她传给了她的儿子。基因变异的后果除如上所述形成致病基因引起遗传病外，还可造成死胎、自然流产和出生后夭折等，称为致死性突变；当然也可能对人体并无影响，仅仅造成正常人体间的遗传学差异；甚至可能给个体的生存带来一定的好处。

基因突变可以是自发的也可以通过诱发实现。自发产生的基因突变型和诱发产生的基因突变型之间没有本质上的不同，基因突变诱变剂的作用也只是提高了基因的突变率。按照

表型效应，突变型可以区分为形态突变型、生化突变型以及致死突变型等。这样的区分并不涉及突变的本质，而且也不严格。因为形态的突变和致死的突变必然有它们的生物化学基础，所以，严格地讲一切突变型都是生物化学突变型。按照基因结构改变的类型，突变可分为碱基置换、移码、缺失和插入4种。按照遗传信

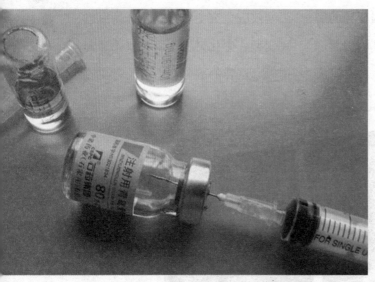

线或高温的"诱变"，才产生了相对应的突变性状。事实恰恰相反，这类性状都可通过自发的或其他任何诱变因子诱发得到。这里的青霉素、紫外线或高温仅是起着淘汰原有非突变型（敏感型）个体的作用。

息的改变方式，突变又可分为错义、无义两类。

不论是真核生物还是原核生物的突变，也不论是什么类型的突变，一般有以下7个共同特点：

（1）不对应性

不对应性即突变的性状与引起突变的原因间无直接的对应关系。例如，细菌在有青霉素的环境下，出现了抗青霉素的突变体；在紫外线的作用下，出现了抗紫外线的突变体；在较高的培养温度下，出现了耐高温的突变体等。从表面上看，会认为正是由于青霉素、紫外

（2）自发性

由于自然界环境因素的影响和微生物内在的生理生化特点，在没有人为诱发因素的情况下，各种遗传性状的改变可以自发地产生。

（3）稀有性

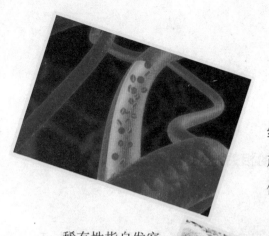

（6）稳定性

由于突变的根源是遗传物质结构上发生了稳定的变化，所以产生的新性状也是稳定的和可遗传的。

（7）可逆性

由原始的野生型基因变异为突变型基因的过程称为正向突变，相反的过程则称为回复突变。实验证明，任

稀有性指自发突变的频率较低，而且稳定，一般在$10^{-6} \sim 10^{-9}$间。

（4）独立性

突变的发生一般是独立的，即在某一群体中，既可发生抗青霉素的突变型，也可发生抗链霉素或任何其他药物的抗药性。某一基因的突变，即不提高也不降低其他任何基因的突变率。突变不仅对某一细胞是随机的，且对某一基因也是随机的。

（5）可诱变性

通过各种物理、化学诱变剂的作用，可提高突变率，一般可提高$10 \sim 10^5$倍。

何性状既有可能正向突变，也有可能发生回复突变，两者发生的频率基本相同。

 关爱你我他

血友病的相关知识

（1）血友病的症状

由于患者血浆中缺乏某种凝血因子，患者的血管破裂后，血液较正常人不易凝结，因而会流去更多的血。体表的伤口所引起的出血通常并不严重，而内出血则严重得多。内出血一般发生在关节、组织和肌肉内部。当内脏出血或颅内出血发生时，常常危及生命。

关节出血在血友病患者中是很常见的，最常出血的是膝关节、肘关节和踝关节。血液淤积到患者的关节腔后，会使关节活动受限，使其功能暂时丧失，例如膝关节出血后患者常常不能正常站立行走。淤积到关节腔中的血液常常需要数周时间才能逐渐被吸收，从而逐渐恢复功能，但如果关节反复出血则可导致滑膜炎和关节炎，造成关节畸形，使关节的功能很难恢复正常，因此很多血友病患者有不同程度的残疾。

由于每个凝血因子的基因都是一串复杂的序列，即使是同一种类型的血友病患者，相应基因也有所不同，因而其凝血因子的活性水平也不同，据此可将血友病患者分为重型、中型和轻型。

重度血友病患者的血浆中所缺乏的凝血因子的活性程度达不到正常人的3%，一个月内可数次出血，出血常常在没有明显原因的情况下发生，称为自发出血。关节出血也很普遍。

中度血友病患者的因子活性程度为正常人的3%~6%，他们的出血常常由小创伤导致，例如运动损伤。关节出血一般在外伤后发生。

轻度血友病患者的因子活性程度为正常人的6%~25%，一般只在外科手术、拔牙或严重外伤后出血不止。关节出血较少。

（2）血友病人饮食禁忌

西红柿、鱼、洋葱、大蒜、生姜、银杏叶、阿斯匹林、藻酸双脂钠、蛇提取药物（如蕲蛇酶、蛇毒抗栓酶）、肝素、双香豆素、水杨酸、水蛭素、尿激酶、链激酶、枸橼酸钠、纤维蛋白溶酶、潘生丁、维生素E、生地黄、川芎、桃仁、红花、广地龙、赤药、当归、枳壳、玉金、刘寄奴、柴胡、川牛膝、丹参、制大黄、连翘、金银花、玄参等，上述食物、西药及中药里，有的可诱发出血性疾病，有的药物有预防抗凝的功能，有的有抗凝的功能，有的是出血性疾病患者禁用的药物。

◎ 基因突变的原因及意义

基因突变可以是有利的也可以是有害的。基因突变的原因很复杂，根据现代遗传学的研究，基因突变的产生，是在一定的外界环境条件或生物内部因素作用下，DNA在复制过程中发生偶然差错，使个别碱基发生缺失、增添、代换，因而改变遗传信息，形成基因突变。

生物个体发育的任何时期，不论体细胞或性细胞都可能发生基因突变。发生在体细胞部分的如家蚕曾发生有半边透明、半边不透明

皮肤的嵌合体，这是早期卵裂时产生的体细胞突变。人的癌肿瘤也是致癌物质、紫外线、电离辐射、病毒等影响下所发生的体细胞突变。体细胞的突变不能直接传给后代，并且突变后的体细胞在生长上往往竞争不过周围正常的体细胞，因而受到抑制、排斥。但对于能进行营养繁殖的植物，只要把突变的芽或枝条采取营养繁殖的方法，便可保留下来。由这种芽或枝条产生的

植株，还可以把突变遗传给有性后代。许多果树和花卉植物的著名品种，就是通过"芽变"传流下来的。基因突变发生在生殖细胞时，就会通过受精而直接遗传给后代，导致后代产生突变型。实验表明，突变发生的时期一般都在形成生殖细胞的减数分裂的末期。

基因突变包括自然突变和人工诱变两大类。

自然突变是由于环境的因素自然发生的基因的突变，这种突变的机率很小。

人为诱变是指受到物理或化学的诱变因子影响，而产生了突变。生活环境中的有些有害因子，这些因子成为诱发因子。

诱变操作其实很简单，即用诱变剂直接或间接地处理生殖细胞。对细菌等生物而言，没有体细胞与生殖细胞的区别，处理起来就更容易了。诱变剂大致可分为两类即物理诱变和化学诱变。物理诱变包括射线、紫外线、激光等物理因素成为物理诱变剂，物理诱变还包括用于射线诱变，包括：X射线、a射线、β 射线及中子射线等；化学诱变的诱变剂包括：亚硝胺、芥子气之类的化学药物。

诱变的目的是为了得到新的突变。在摩尔时代，遗传学研究内容的丰富与新突变的发现息息相关。现在，遗传学研究的内容和手段与过去相比早已面目全非，但获得新突变并从中选出对人类有利的突变型仍然是热点之一。培育新品种的发放现在又发现许多新手段，如应用分子生物学技术培

育转基因动植物、航天诱变矮秆大豆等，诱变育种不失为简便易行的常用手段。

对生物来说，基因突变可能破坏生物体与现有环境的协调关系，而对生物有害，但有些基因突变，也可能使生物产生新的性状，适应改变的环境，获得新的生存空间。

还有些基因突变频率很低，但却是普遍存在的，他是新基因产生的途径，是生物贬义的根本来源，是生物进化的原始材料。

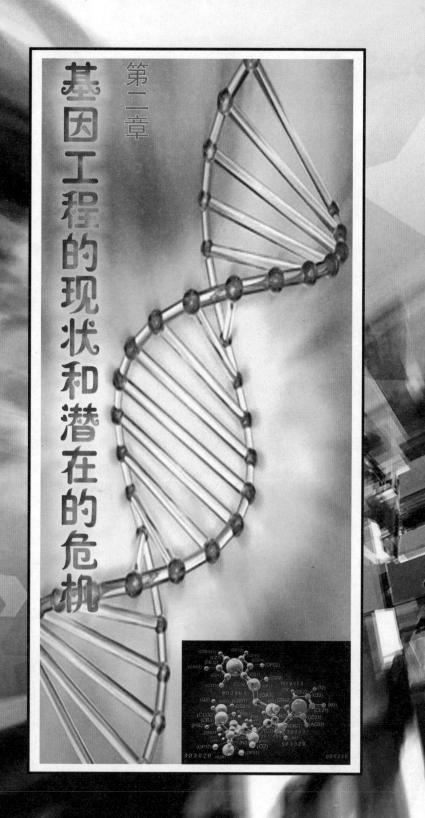

第二章

基因工程的现状和潜在的危机

基因研究已成为当前科学研究中最有决定性的领域之一，成为推动生物、食品和制药产业发展的引擎。基因工程技术，在医药及农业上应用广泛。这项尖端科技加上最近突破性的生殖科技，却引发人们极大的隐忧及争论。

基因工程是一项很精密的尖端生物技术。可以把某一生物的基因转殖送入另一种细胞中，甚至可把细菌、动植物的基因互换。当某一基因进入另一种细胞，就会改变这个细胞的某种功能。基因工程对于人类的利弊一直是个争议的问题，主要是这项技术创造出原本自然界不存在的重组基因。但它为医药界带来新希望，在农业上提高产量改良作物，也可对环境污染、能源危机提供解决之道，甚至可用在犯罪案件的侦查。但它亦引起很大的忧虑与关切。当此科技由严谨的实验室转移至大规模医药应用或商业生产时，我们如何评估它的安全性？此项技术是否可能因为人为失控，反而危害人类健康并破坏大自然生态平衡等，这些都是人们需要考虑和在研究的问题。

基因工程

在生物学研究领域，基因工程又称基因拼接技术和DNA重组技术、遗传工程。是以分子遗传学为理论基础，以分子生物学和微生物学的现代方法为手段，将不同来源的基因（DNA分子），按预先设计的蓝图，在体外构建杂种DNA分子，然后导入活细胞，以改变生物原有的遗传特性、获得新品种、生产新产品。基因工程技术为基因的结构和功能的研究提供了有力的手段，是生物工程的一个重要分支，它和细胞工程、蛋白质工程、酶工程和微生物工程共同组成了生物工程。

基因工程实际上是在分子水平上对基因进行操作的复杂技术，是将外源基因通过体外重组后导入受体细胞内，使这个基因能在受体细胞内复制、转录、翻译表达的操作。它是用人为的方法将所需要的某一供体生物的遗传物质——DNA大分子提取出来，在离体条件下用适当的工具酶进行切割后，把它与作为载体的DNA分子连接起来，然后与载体一起导入某一更易生长、更易繁殖的受体细胞中，以让外源物质在其中"安家落户"，进行正常的复制和表达，从而获得新物种的一种崭新技术。

重现基因工程的魅力

基因工程是在20世纪70年代，分子生物学和分子遗传学综合发展基础上诞生的一门崭新的生物技术科学。

最早在1866年，奥地利遗传学家孟德尔神父发现生物的遗传基因规律。1868年，瑞士生物学家弗里德里希发现细胞核内存有酸性和蛋白质两个部分，酸性部分就是后来的所谓的DNA。1882年，德国胚胎学家瓦尔特弗莱明在研究蝾螈细胞时发现细胞核内包含有大量的分裂的线状物体，即染色体。1944年，美国科研人员证明DNA是大多数有机体的遗传原料，而不是蛋白质。1953年，美国生化学家华森和英国物理学家克里克宣布他们发现了DNA的双螺旋结果，奠下了基因工程的基础。1980年，第一只经过基因改造的

老鼠诞生。1996年，第一只克隆羊诞生。1999年，美国科学家破解了人类第22组基因排序列图，未来的计划是可以根据基因图有针对性地对有关病症下药。

后来人们逐渐开始进入基因工程的世界，了解了有关基因工程的许多相关知识，发现了基因工程具有以下的基本特征：首先，外源核酸分子在不同的寄主生物中进行繁殖，能够跨越天然物种屏障，把来自任何一种生物的基因放置到新的生物中，而这种生物可以与原来生物毫无亲缘关系，这种能力是基因工程的第一个重要特征。其次，一种确定的DNA小片段在新的寄主细胞中进行扩增，这样实现很少量DNA样品，"拷贝"出大量的DNA，而且是大量没有污染任何其他DNA序列的、绝对纯净的DNA分子群体。科学家将改变人类生殖细胞DNA的技术称为"基因系治疗"，通常所说的"基因工程"则是针对改变动植物生殖细胞的。无论称谓如何，改变个体生殖细胞的DNA都将可能使其后代发生同样的改变。

人类基因组研究是一项生命科学的基础性研究。有科学家把基因组图谱看成是指路图或化学中的元素周期表；也有科学家把基

因组图谱比作字典，但不论是从哪个角度去阐释，破解人类自身基因密码，以促进人类健康、预防疾病、延长寿命，其应用前景都是极其美好的。人类10万个基因的信息以及相应的染色体位置被破译后，破译人类和动植物的基因密码，为攻克疾病和提高农作物产量开拓了广阔的前景，也将成为医学和生物制药产业知识

和技术创新的源泉。美国的贝克维兹正在观察器皿中的菌落，他曾对人类基因组工程提出警告。

到目前为止，基因工程还没有在人体上使用，但在除人类以外的其他生物体上均已做过了试验，包括从细菌到家畜的几乎所有非人生命物体，并且这些尝试性实验均取得了成功。事实上，所有用于治疗糖尿病的胰岛素都来自一种细菌，其DNA中被插入人类

可产生胰岛素的基因，细菌便可自行复制胰岛素。基因工程技术使得许多植物具有了抗病虫害和抗除草剂的能力；在美国，大约有一半的大豆和四分之一的玉米都是转基因的。目前，是否该在农业中采用转基因动植物已成为人们争论的焦点：有的人持肯定的态度，认为转基因的农产品更容易生长，也含有更多的营养（甚至药物），有助于减缓世界范围内的饥荒和疾病；而有的人则认为反对者则认为，在农产品中引入新的基因会产生副作用，最为糟糕的是可能会破坏环境。

许多人为了能够利用基因工程使番茄变得具有抗癌作用、使鲑鱼长得比自然界中的大几倍、使宠物不再会引起过敏，就有人希望对人类基因做一定的修改，使这些希望变成现实。毕竟，胚胎遗传病筛查、基因修复和基因工程等技术不仅可用于治疗疾病，也为改变诸如眼睛的颜色、智力等其他人类特性

传密码是由 RNA转录表达的以后，生物学家不再仅仅满足于探索、提示生物遗传的秘密，而是开始跃跃欲试，设想在分子的水平上去干预生物的遗传特性。如果将一种生物的 DNA中的某个遗传密码片断连接到另外一种生物的DNA链上去，将DNA重新组织一下，就可以按照人类的愿望，设计出新的遗传物质并创造出新的生物类型，这与过去培育生物

提供了可能。目前我们还远不能设计定做我们的后代，但已有借助胚胎遗传病筛查技术培育人们需求的身体特性的例子。比如，运用此技术，可使患儿的父母生一个和患儿骨髓匹配的孩子，然后再通过骨髓移植来治愈患儿。

随着DNA的内部结构和遗传机制的秘密一点一点呈现在人们眼前，特别是当人们了解到遗繁殖后代的传统做法完全不同。这种做法就像技术科学的工程设计，按照人类的需要把这种生物的这个"基因"与那种生物的那个"基因"重新"施工"，"组装"成

新的基因组合，创造出新的生物。这种完全按照人的意愿，由重新组装基因到新生物产生的生物科学技术，就称为"基因工程"，或者说是"遗传工程"。

科学研究证明，一些困扰人类

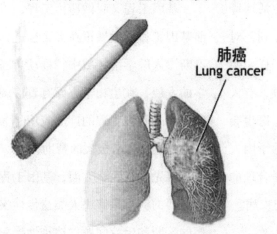

肺癌
Lung cancer

健康的主要疾病，例如心脑血管疾病、糖尿病、肝病、癌症等都与基因有关。依据已经破译的基因序列和功能，找出这些基因并针对相应的病变区位进行药物筛选，甚至基于已有的基因知识来设计新药，就能"有的放矢"地修补或替换这些病变的基因，从而根治顽症。基因药物将成为21世纪医药中的耀眼明星。基因研究不仅能够为筛选和研制新药提供基础数据，也为利用基因进行检

测、预防和治疗疾病提供了可能。比如，有同样生活习惯和生活环境的人，由于具有不同基因序列，对同一种病的易感性就大不一样。明显的例子有，同为吸烟人群，有人就易患肺癌，有人则不然。医生会根据各人不同的基因序列给予因人而异的指导，使其养成科学合理的生活习惯，最大可能地预防疾病。

◎ 基因工程的意义

基因工程又叫做遗传工程，目前基因工程的发展正在突飞猛进，不断渗入医学诸领域中，推动着医学的发展，在生物学方面有着广阔的前景，基因工程的广泛应用将为人类的发展带来极大的帮助。

首先，在医学方面，基因工程最主要的应用是解决人类遗传性疾病的诊断和治疗问题。遗传性疾病

至微生物的有关基因，把它们移植到病人细胞内，来取代或者矫正病人所缺陷的基因，以达到根治遗传性疾病的目的。这种输入基因来治疗疾病的方法在医学上叫做基因疗法。

例如，许多人生病是因为体内缺少一定量的某种抗体。用传统的方法来制备抗体，时间长耗资大，而且不够稳定。1989年，美国生物学家运用基因工程技术，将获得抗体的重链基因和轻链基因进行基因重组，并使之转入烟草细胞，利用植物细胞组织培养技术，培养出了转基因烟草。这样，在烟草叶片上

发生的原因是由于病人细胞内脱氧核糖核酸上的遗传密码（基因）发生错误。所以这种疾病目前只能治标，不能治本，这给病人及其后代带来很大不幸。但基因工程技术发现，遗传密码对一切生物都是通用的，不受生物种类的限制。这样，通过基因工程技术，就有可能利用健康人的正常基因或者别种生物乃

就能够产生占叶蛋白总量1.3％的抗体，这些抗体足够27万病人使用1年。

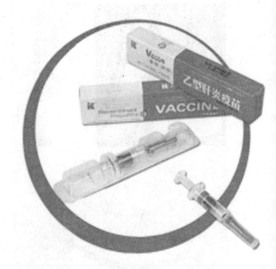

各国科学家都十分看好基因工程，认为基因工程具有十分广阔的发展前景，于是，科学家们都在加紧对基因工程的研究。我国在基因工程方面的研究，与国外相比，虽起步较晚，但是也取得了值得肯定的可喜成果。例如，已经研制成功和正在研制的基因工程产品就有几十种，有些已经投产并开始使用，如基因工程α–干扰素，基因工程乙型肝炎疫苗等等。

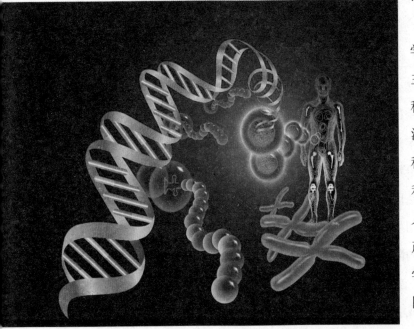

其次，在生物学方面，科学家们主要是利用遗传工程来形成自然界中没有的生物新品种、新物种，进而利用这些生物生产人类所需要的其他产品。当前，生物学中富有尖力的基因工程技术正以惊

人的速度发展着，其中如DNA序列测定技术、基因突变技术以及基因扩增技术等一大批新技术正在逐渐走向成熟。

基因工程的诞生使整个生物学科学、生物技术进入了一个新的时代，传统的生物技术与基因工程的结合，焕发了青春，产生了富有无限生机的现代技术。

从前，需要消耗10万只羊的下丘脑才可以获得1毫克生长激素抑制素，而且其所耗费资金的数量，与航天领域中，借助于载人飞行器阿波罗宇宙飞船从月球上搬回1千克石头相当。但是，现在我们借助于基因工程，要做到这些就简单多了，只要2升细菌培养液就可以了，而且节省了许多费用。我们将人工合成的人生长激素抑制素基因，通过重组成为一个高效表达载体，它们在大肠杆菌中进行表达，只需要10升这种重组的大肠杆菌培养液，就可以获

得到了。

总之，基因工程及应用给传统生物技术带来了彻底的革新，而且其应用范围仍然在不断加深、扩大，前景是十分诱人的。基因工程在医学和生物学中的应用还需要更多的科研人员去研究开发，从而让基因工程在人类的生产生活中起到积极的作用。要实现这一前景目标，还需要我们继续努力研究、探索、实践，从而取得更大的成功。

◎ 基因工程揭秘人类全部DNA

基因是一种资源，而且是一种有限的战略性资源。基因工程研究的基本任务是开发人们特殊需要的基因产物，这样的基因统称为目的基因。具有优良性状的基因理所当然是目的基因。而致病基因在特定情况下同样可作为目的基因，具有很大的开发价值。即使是那些今天尚不清楚功能的基因，随着研究的深入，也许以后会成为具有很大开发价值的目的基因。

研究基因工程可以帮助我们揭开人类DNA的组成秘密。研究基因工程是人类对生命科学的挑战。1953年2月的一天，英国科学家弗朗西斯·克里克宣布：我们已经发现了生命的秘密。他发现DNA是一种存在于细胞核中的双螺旋分子，决定了生物的遗传。

有趣的是，这位科学家是在剑桥的一家酒吧宣布了这一重大科学发现的。破译人类和动植物的基因密码，为攻克疾病和提高农作物产量开拓了广阔的前景。

1987年，美国科学家提出了"人类基因组计划"，目标是确定人类的全部遗传信息，确定人的基因在23对染色体上的具体位置，查清每个基因核苷酸的顺序，建立人类基因库。1999年，人的第22对染色体的基因密码被破译，"人类基因组计划"迈出了成功的一步。可以预见，之后科学家们就可能揭示人类大约5000种基因遗传病的致病基因，从而为癌症、糖尿病、心脏病、血友病等致命疾病找到基因疗法。

继2000年6月26日科学家公布人类基因组"工作框架图"之后，中、美、日、德、法、英等6国科学家和美国塞莱拉公司2001年2月12日联合公布人类基因组图谱及初步分析结果。这次公布的人类基因组图谱是在原"工作框架图"的基础上，经过整理、分类和排列后得到的，它更加准确、清晰、完整。

一般认为人类基因组含有数万个基因，它们各司其职，控制着人的生长、发育、繁殖。一旦人类基因组全部被破译，就可了解人类几千种遗传性疾病的病因，为基因治疗提供可靠的依据，并且将保证人类的优生优育，提高人类的生活质量。

人类基因组蕴涵有人类生、老、病、死的绝大多数遗传信息，破译它将为疾病的诊断、新药物的研制和新疗法的探索带来一场革命。人类基因组图谱及初步分析结果的公布将对生命科学和生物技术的发展起到重要的推动作用。随着人类基因组研究工作的进一步深入，生命科学和生物技术将随着新的世纪进入新的纪元。

信息技术的发展改变了人类的

寿命已突破80岁，中国也突破了70岁。有科学家预言，随着癌症、心脑血管疾病等顽症的有效攻克，在2020至2030年间，可能出现人口平均寿命突破100岁的国家。到2050年，人类的平均寿命将达到90至95岁。

生活方式，而基因工程的突破不仅揭开了人类DNA的秘密，而且可以在极大的程度上帮助人类延年益寿。目前，一些国家人口的平均

知识拓展

人类到底能活多久

关于人类最多可以活多久的问题，人们问了无数遍，一直想得到问题的答案，科学家们也十分关注这个话题，也在极力通过大量的长寿老人的最高寿命以及长寿老人长寿的原因进行了大量的分析与研究，以期待解开这个问题的答案，经过研究得出的结论是：从理论上讲，人类的最多可以活到150岁。

现存的最老的寿星是印度的长寿老人，寿命为130岁，是迄今为之发现的世界上寿命最长的人。

据印度北部喜马偕尔邦布朗村的居民讲，生活在这座村子里的老太太戴弗吉·黛维已经至少130岁高龄了。如果她的年龄能够被证实，那么她将是世界上寿命最长的人，比已知的世界上最长寿的一位中国妇女还大14岁。

那么，人类到底能活多久呢？

美国科学家认为，即使科学不断进步，人类的寿命也很难达到100岁，至少在未来的一个世纪内不会成为现实。

芝加哥伊利诺大学研究公共保健的教授奥勒尚斯基说，在现今的世界上还没有一种神奇的药物、荷尔蒙、抗氧化剂、基因工程或生物技术的方法，可以像有些人预言的那样，使人类的寿命增至120岁或150岁。旧金山加州大学研究寿命问题的专家赫福利克完全同意奥勒尚斯基的观点，认为人类"超长寿"的说

法简直是"无稽之谈"。

但是奥勒尚斯基并不否认，因为有一些科研成果还是比较让人兴奋鼓舞的。他在旧金山召开的美国科学发展协会的年会上说，自从1900年以来，由于医疗水平的提高，人类的平均预期寿命已经增加了30年。例如，一个在1900年出生的美国女孩的预期寿命仅为48.9岁，而于1995年出生的女孩的预期寿命已达到79岁。奥勒尚斯基曾经在一期《科学》杂志上发表了一份报告称，在法国和日本出生的婴儿至少要在200年后，才能活到100岁；而在美国出生的婴儿则要到600年后才能加入这个百岁俱乐部。造成这种差异的原因是，在这3个国家里，死亡率下降的速度不同。从1985年到1995年，法国的死亡率下降了1.5%，日本下降了1.2%，而美国只下降了0.4%。根据这个数据推测，法国人平均预期寿命到2033年就能达到85岁，日本为2035年，而美国则要到2182年。

根据资料记载，英国王太后也是少数长寿的例子之一。赫福利克教

授称，人的寿命与预期寿命是两个概念。寿命是指某一个人能活多久；而预期寿命是指在某一年出生的人群预计平均能活多少年。人类的最长寿命大约是 125 岁。即使人类最常见的死因如癌症、心脏病和中风等消除了，预期寿命也最多增加15年，然后人会因衰老而死亡。

他认为，只有在生物学研究人员发现如何延缓衰老过程，并使这一发现服务于全人类，人类寿命的下一次大飞跃才会出现。

在2005年的一月份，美国《新闻周刊》刊登了一篇叫做《岁月的皱纹》的文章，介绍五位科学家对衰老的生物化学过程提出的新解释；他们有一个共同的认识，即人类的寿命并不是固定不变的。

这五位科学家一致认为，虽然死亡与纳税一样不可避免，但是未来人们的衰老过程会变慢，寿命也会明显延长。五位科学家对衰老的生物化学过程提出了新的解释，为益寿延年药物的问世敞开了大门。虽然他们的研究方法不尽相同，但他们都有同一个认识，认为人类的寿命并不是一成不变的，在一定的条件下是可以提高寿命的。

◎ 基因工程的发展

在20世纪，基因工程的发展取得了很大的进展，两个有力的证明可以说明这一点。一是转基因动植物，一是克隆技术。转基因动植物由于植入了新的基因，使得动植物具有了原先没有的全新的性状，这引起了一场农业革命。如今，转基因技术已经开始广泛应用，如抗虫西红柿、生长迅速的鲫鱼等。

1997年世界十大科技突破之首是克隆羊的诞生。这只叫"多莉"母绵羊是第一只通过无性繁殖产生的哺乳动物，它完全秉承了给予它细胞核的那只母羊的遗传基因。

"克隆"一时间成为人们注目的焦点。尽管有着伦理和社会方面的忧虑，但生物技术的巨大进步使人类对未来的想象有了更广阔的空间。

基因工程的发展经历了很漫长的时间，但是人类在研究基因工程的每个阶段都或多或少地取得了让人感到欣慰的、可喜的成果，这些成果又更加激励科学家们对其不断

的进行研究。

（1）基因工程大事记

1860至1870年，奥地利学者

孟德尔根据豌豆杂交实验提出遗传因子概念，并总结出孟德尔遗传定律。

1909年，丹麦植物学家和遗传学家约翰逊首次提出"基因"这一名词，用以表达孟德尔的遗传因子概念。

1944年，3位美国科学家分离出细菌的DNA（脱氧核糖核酸），并发现DNA是携带生命遗传物质的分子。

1953年，美国人沃森和英国人克里克通过实验提出了DNA分子的双螺旋模型。

1969年，科学家成功分离出第一个基因。

1980年，科学家首次培育出世界第一个转基因动物转基因小鼠。

1983年，科学家首次培育出世界第一个转基因植物转基因烟草。

1988年，K.Mullis发明了PCR技术。

1990年，10月 被誉为生命科学"阿波罗登月计划"的国际人类

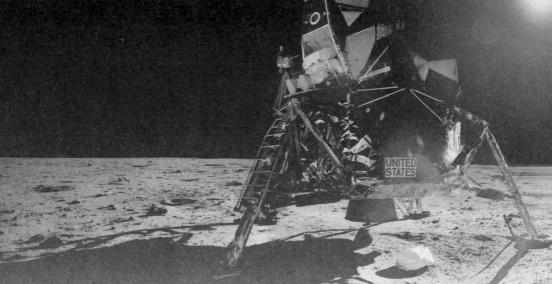

基因组计划启动。

1998年，一批科学家在美国罗克威尔组建塞莱拉遗传公司，与国际人类基因组计划展开竞争。

1998年12月，一种小线虫完整基因组序列的测定工作宣告完成，这是科学家第一次绘出多细胞动物的基因组图谱。

1999年9月，中国获准加入人类基因组计划，负责测定人类基因组全部序列的1%。中国是继美、英、日、德、法之后第6个国际人类基因组计划参与国，也是参与这一计划的唯一发展中国家。

1999年12月1日，国际人类基因组计划联合研究小组宣布，完整破译出人体第22对染色体的遗传密码，这是人类首次成功地完成人体染色体完整基因序列的测定。

2000年4月6日，美国塞莱拉公司宣布破译出一名实验者的完整遗传密码，但遭到不少科学家的质疑。

2000年4月底，中国科学家按照国际人类基因组计划的部署，完成了1%人类基因组的工作框架图。

2000年5月8日，德、日等国科学家宣布，已基本完成了人体第21对染色体的测序工作。

2000年6月26日，科学家公布人类基因组工作草图，标志着人类在解读自身"生命之书"的路上迈出了重要一步。

2000年12月14日，美英等国科学家宣布绘出拟南芥基因组的完整图谱，这是人类首次全部破译出一种植物的基因序列。

2001年2月12日，中、美、日、德、法、英6国科学家和美国塞莱拉公司联合公布人类基因组图谱及初步分析结果。

（2）各国的发展状况

英国：早在20世纪80年代中期，英国就有了第一家生物科技企业，是欧洲国家中发展最早的。如今它已拥有560家生物技术公司，欧洲70家上市的生物技术公司中，英国占了一半。

德国：德国政府认识到，生物科技将是保持德国未来经济竞争力的关键，于是在1993年通过立法，简化生物技术企业的审批手续，并且拨款1.5亿马克，成立了3个生物技术研究中心。此外，政府还计划在未来5年中斥资12亿马克，用于人类基因组计划的研究。1999年德国研究人员申请的生物技术专利已经占到了欧洲的14%。

法国：法国政府在过去10年

中用于生物技术的资金已经增加了10倍，其中最典型的项目就是1998年在巴黎附近成立的号称"基因谷"的科技园区，这里聚集着法国最有潜力的新兴生物技术公司。另外20个法国城市也准备仿照"基因谷"建立自己的生物科技园区。

西班牙：马尔制药公司是该国生物科技企业的代表，该公司专门从海洋生物中寻找抗癌物质。其中最具开发价值的是ET-743，这是一种从加勒比海和地中海的海底喷出物中提取的红色抗癌药物。ET-743计划于2002年在欧洲注册生产，将用于治疗骨癌、皮肤癌、卵巢癌、乳腺癌等多种常见癌症。

印度：印度政府资助全国50多家研究中心来收集人类基因组数据。由于独特的"种姓制度"和一些偏僻部落的内部通婚习俗，印度人口的基因库是全世界保存得最完整的，这对于科学家寻找遗传疾病的病理和治疗方法来说是个非常宝贵的资料库。但印度的私营生物技

术企业还处于起步阶段。

日本：日本政府已经在2010年用于生物技术研究的经费增加23%。一家私营企业还成立了"龙基因中心"，它将是亚洲最大的基因组研究机构。

新加坡：新加坡宣布了一项耗资6000万美元的基因技术研究项目，研究疾病如何对亚洲人和白种人产生不同影响。该计划重点分析基因差异以及什么样的治疗方法对亚洲人管用，以最终获得用于确定和治疗疾病的新知识；并设立高技术公司来制造这一研究所衍生出的

药物和医疗产品。

中国：参与了人类基因组计划，测定了1%的序列，这为21世纪的中国生物产业带来了光明。这"1%项目"使中国走进生物产业的国际先进行列，也使中国理所当然地分享人类基因组计划的全部成果、资源与技术。

◎ **基因工程的基本步骤**

（1）获取目的基因

目的基因是像植物的抗病（抗病毒、抗细菌）基因，种子的贮藏蛋白的基因以及人的胰岛素基因干

扰素基因等，都称作目的基因。

要从浩瀚的"基因海洋"中获得特定的目的基因，是十分不易的。科学家们经过不懈地探索，想出了许多办法，其中主要有两条途径：一条是从供体细胞的DNA中直接分离基因；另一条是人工合成基因。

直接分离基因最常用的方法是"鸟枪法"，又叫"散弹射击法"。鸟枪法的具体做法是：用限制酶将供体细胞中的DNA切成许多片段，将这些片段分别载入运载体，然后通过运载体分别转入不同的受体细胞，让供体细胞提供的DNA（即外源DNA）的所有片段分别在各个受体细胞中大量复制（在遗传学中叫做扩增），从中找出含有目的基因的细胞，再用一定的方法把带有目的基因的DNA片段分离出来。如许多抗虫抗病毒的基因都可以用上

DNA

信使RNA

DNA

述方法获得。

用鸟枪法获得目的基因的优点是操作简便，缺点是工作量大，具有一定的盲目性。又由于真核细胞的基因含有不表达的DNA片段，一般使用人工合成的方法。

目前人工合成基因的方法主要有两条。一条途径是以目的基因转录成的信使RNA为模版，反转录成互补的单链DNA，然后在酶的作用下合成双链DNA，从而获得所需要的基因。另一条途径是根据已知的蛋白质的氨基酸序列，推测出相应的信使RNA序列，然后按照碱基互补配对的原则，推测出它的基因的核苷酸序列，再通过化学方法，以单核苷酸为原料合成目的基因。如人的血红蛋白基因胰岛素基因等就可以通过人工合成基因的方法获得。

（2）基因表达载体的构建

基因表达裁体的构建这一步是基因工程的核心步骤。

将目的基因与运载体结合的过程，实际上是不同来源的DNA重新组合的过程。如果以质粒作为运载体，首先要用一定的限制酶切割质粒，使质粒出现一个缺口，露出黏性末端。然后用同一种限制酶切断目的基因，使其产生相同的黏性末端。将切下的目的基因的片段插入质粒的切口处，再加入适量DNA连接酶，质粒的黏性末端与目的基因DNA片段的黏性末端就会因碱基互补配对而结合，形成一个重组DNA分子。如人的胰岛素基因就是通过这种方法与大肠杆菌中的质粒DNA分子结合，形成重组DNA分子（也叫重组质粒）的。

（3）将目的基因导入受体细胞

目的基因的片段与运载体在生物体外连接形成重组DNA分子后，下一步是将重组DNA分子引入受体细胞中进行扩增。

基因工程中常用的受体细胞有大肠杆菌、枯草杆菌、土壤农杆菌、酵母菌和动植物细胞等。

用人工方法使体外重组的DNA分子转移到受体细胞，主要是借鉴细菌或病毒侵染细胞的途径。例如，如果运载体是质粒，受体细胞是细菌，一般是将细菌用氯化钙处理，以增大细菌细胞壁的通透性，使含有目的基因的重组质粒进入受体细胞。目的基因导入受体细胞后，就可以随着受体细胞的繁殖而复制，由于细菌的繁殖速度非常快，在很短的时间内就能够获得大量的目的基因。

（4）检测目的基因

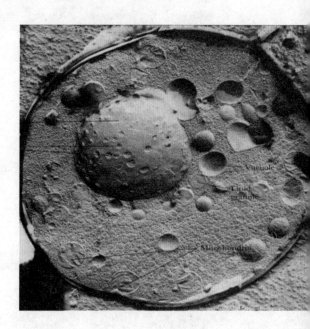

因，当这种质粒与外源DNA组合在一起形成重组质粒，并被转入受体细胞后，就可以根据受体细胞是否具有青霉素抗性来判断受体细胞是否获得了目的基因。重组DNA分子进入受体细胞后，受体细胞必须表现出特定的性状，才能说明目的基因完成了表达过程。

目前，人类已经利用外源基因，如人的生长激素基因、人胸腺激素基因、人干扰素基因、牛生长激素基因等导入细菌中，生产出相应的产品，在临床上得到了广泛的应用，取得了可观的经济效益和社会效益。

以上步骤完成后，在全部的受体细胞中，真正能够摄入重组DNA分子的受体细胞是很少的。因此，必须通过一定的手段对受体细胞中是否导入了目的基因进行检测。检测的方法有很多种，例如，大肠杆菌的某种质粒具有青霉素抗性基

转基因动植物

用转基因技术将具体特殊经济价格的外源基因导入动植物体内，不但表达出人类所需要的优良性状（如抗虫，抗病，抗除草剂，抗倒伏，产肉，产蛋量高），还可以通过蛋白质重新组合得到新的品种。如通过该技术培育出带牛基因的转基因猪，生长速度快，耐粗饲料。转基因动物为人类异体器官移植提供了可能。而美国的加利福尼亚大学已经在此方面取得了较大的进展。

◎ **转基因动物**

转基因动物就是基因组中含有外源基因的动物。它是按照预先的

设计，通过细胞融合、细胞重组、遗传物质转移、染色体工程和基因工程技术将外源基因导入精子、卵细胞或受精卵，再以生殖工程技术，有可能育成转基因动物。通过

其有性生殖后代变异较大，难以形成稳定遗传的转基因品系。因而，尝试从受体动物细胞中分离出线粒体，以外源基因对其进行离体转化，再将转基因线粒体导入受精卵，所发育成的转基因动物雌性个体外培养的卵细胞与任一雄性个体交配或体外人工授精，由于线粒体的细胞质遗传，其有性后代可能全都是转基因个体。

生长素基因、多产基因、促卵素基因、高泌乳量基因、瘦肉型基因、角蛋白基因、抗寄生虫基因、抗病毒基因等基因转移，可能育成生长周期短，产仔、生蛋多和泌乳量高的动物，如转基因超级鼠比普通老鼠大约一倍。生产的肉类、皮毛品质与加工性能好，并具有抗病性，已在牛、羊、猪、鸡、鱼等家养动物中取得一定成果。

但由于转基因动物受遗传镶嵌性和杂合性的影响，

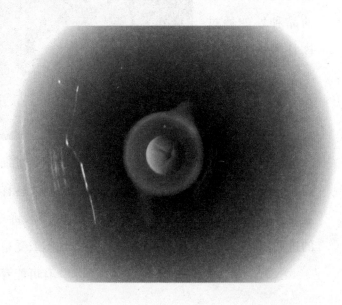

1981年，人类第一次成功地将外源基因导入动物胚胎，创立了动物转基因技术。1982年获得转基因小鼠，以后相继在10年间报道过转基因兔、绵羊、猪、鱼、昆虫、牛、鸡、山羊、大鼠等转基因动物的成功。

入动物染色体组上，整合并表达和遗传的过程。携带和表达外源基因的动物称为转基因动物。

动物胚胎转基因技术是基因工程与胚胎工程结合的一门生物技术。转基因动物生产是使用基因工程技术将选定的目的基因导

动物转基因技术与动物克隆技术是目前动物基因工程领域研究的热点之一，具有巨大的科学意义和广泛的应用价值。而把转基因技术、克隆技术与畜牧业生产结合，创建转基因克隆动物这是21世纪培育遗传工程动物的主

导性技术途径。

（1）提供生殖细胞

利用体细胞转染技术实施目标基因的转移，可以避免家畜生殖细胞来源困难和低效率。

（2）预选性别

在实验条件下进行转基因整合、预检和性别预选，对于与性别有关的性状（如乳用、蛋用必须为雌性个体）具有重要意义，它可以预先选择雌性（或雄性）性别，从而预定胚胎和后代的性别。

（3）动物品质改良

转基因羊净毛平均产量比其半同胞非转基因羊提高了62%。用高产优质的奶牛个体的体细胞，通过转基因及克隆技术大量快速地繁殖出与高产奶供体牛产奶性状一样的克隆牛，大大提高经济效益。

的杂交，但现在该名词更多的特指那些在实验室里通过重组DNA技术人工插入其他物种基因以创造出拥有新特性的植物。

转基因植物的研究主要在于改进植物的品质，改变生长周期或花期等提高其经济价值或观赏价值；作为某些蛋白质和次生代谢产物的生物反应器，进行大规模生产；研究基因在植物个体发育中，以及正常生理代谢

（4）提高动物快速生长能力或抗病能力

目前，我国已获得了转基因鱼以及转基因猪、转基因羊、转基因鸡等具有快速生长能力或抗病能力的家畜、家禽种系。

（5）生产玩赏动物

如同猫一样大的小马，如同鼠一样大的兔子，以及各种不同毛色和花纹的观赏动物。

◎ 转基因植物

转基因植物是指拥有来自其他物种基因的植物。转基因植物的基因变化过程可以来自不同物种之间

过程中的功能。

以植物作为生物技术的实验材料的优点是：植物细胞大部分都有全能性，可以用单个细胞分化发育出整个植株。这样，经过基因工程改造的单个植物细胞有可能再生成一棵完整的转基因植株。这些植株还可通过有性生殖过程把改变了的性状遗传给下一代。

植物基因工程用作外源基因的转化受体有许多种，包括分生细胞、幼胚、成熟胚、胚性愈伤组织、种子、受精胚珠和原生质体等。从这些受体细胞都可获得再

生的转基因植株。

转基因植物，是通过遗传工程操作由人工合成的光彩夺目的高技术新成果。在过去十多年来，植

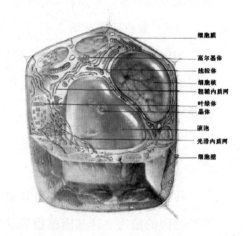

物学家们已成功地把具有各种新性

因的本质，就是我们常说的DNA（去氧核糖核酸）。一个基因，在DNA双螺旋结构中占据着一个限定长度的片段。所以要想从供体植物上获得某个决定遗传性状的基因，只要我们能从供体植物的DNA结构中取出这个基因片段就可以了。这个决定遗传性状的基因也称目的基因，将它转化或转移到受体植物上，使它整合到受体植物的染色体上重新组合并使其（目的基因）在再生植株中

状的基因转移到了50多种不同的植物上，为农作物育种创造了一个又一个的新品种。

转基因植物是如何产生的呢？古谚语"种瓜得瓜，种豆得豆"，这说明遗传决定着生物的一切。而操纵这个遗传性状的钥匙，却是决定遗传性状的最基本单位——基因。每一个植物都有很多基因。基

表达出来，这样就完成了目的基因的传导操作，达到了转基因植物的合成及改造植物性状的目的。

1983年，植物学家首次完成了将一个容易鉴别的抗卡那霉素基因转移到烟草上的试验，其后代也具有抗卡那霉素的特征。这一开创性的研究成果，为开拓转基因植物的研究与应用展示了广阔的前景。自此以后，在水稻、玉米、大豆、番茄、马铃薯、烟草、油菜等很多重要的农

作物上又得到了转基因植物。如美国孟山都等公司把杀螟菌的苏云金杆菌的毒素蛋白基因引入到棉花、烟草、番茄和马铃薯等植物上，产生了杀死吃这些作物的螟幼虫的毒蛋白，培育出了抗虫的棉花，烟

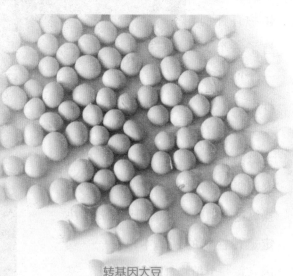

转基因大豆

草新品种。将毒壳蛋白基因转入苜蓿、黄瓜，烟草等作物，它们可对致命的病毒产生抗性，从而获得了抗花叶病毒感染的抗病植株。

在抗除草剂的转基因植物研究上也取得了很好效果。在大豆上，将一种突变了的32KDa蛋白基因转入大豆植株，大豆即获得有抗阿特拉淖除草剂的能力。为了改良作物产品的品质，也有将富含硫氨酸的玉米醇溶蛋白的基因转到向日葵植株内，结果也得到部分表达。其他，像对抗盐碱、杭干旱、抗冻害，抗环境污染等抗逆性基因的转化研究，也已进行了广泛的探索，有些已经取得了初步成果。

对有些转基因植物的设想是十分有趣而离奇的。新泽西州DNA植物技术公司的遗传学家们正在设法把一种合成型的北极鱼抗冻蛋白基因转入番茄，使番茄可以冷冻面解冻时又不变软。他们还希望构建一种无咖啡因的咖啡豆或防治肠胃气胀的菜豆。据说密歇根州立大学的植物学家们运用遗传工程技术已培育出一种油菜的亲绿植物，植株通身可产生细颗粒

的可生物降解塑料。如果这项技术能改进到使植株生产出更多数量塑料的话，则田间生长的塑料将可用于制造各种塑料容器及包装用品。

转基因植物是否能真正用于生产呢？这个多年来争论的问题，现在已经可以作出肯定的回答：转基因植物对人类的生产是非常有益的。除了在抗病虫害作物育补上已合成出一批新品种以外，一些可能产生的高技术新产品，如抗NG伤

转基因牵牛花

或冷冻后解冻时不发软的番茄；特别富有营养的高淀粉含量的马铃薯；含较低饱和脂肪酸的植物油等遗传工程水果利蔬菜即将"出台"。相信在不久的将来，转基因植物在农作物育种的技术革命上将会发挥越来越大的作用，在高技术农产品的提供上将会产生巨大的经济效益。

◎ 动植物基因转化方法

转基因马铃薯

（1）动物基因转化方法

①核显微注射法

核显微注射法是动物转基因技术中最常用的方法。它是在显微镜下将外源基因注射到受精卵细胞的原核内，注射的外源基因与胚胎基因组融合，然后进行体外培养，最后移植到受体母畜子宫内发育，这样分娩的动物体内的每一个细胞都含有新的DNA片段。这种方法的缺点是

效率低、位置效应（外源基因插入位点随机性）造成的表达结果的不确定性、动物利用率低等，在反刍动物还存在着繁殖周期长，有较强的时间限制、需要大量的供体和受体动物等特点。

② 精子介导的基因转移

精子介导的基因转移是把精子作适当处理后，使其具有携带外源基因的能力。然后，用携带有外源基因的精子给发情母畜授精。在

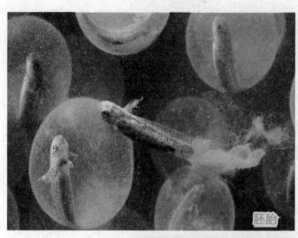

胚胎

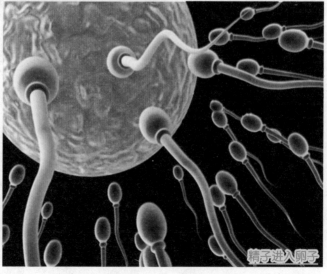

精子进入卵子

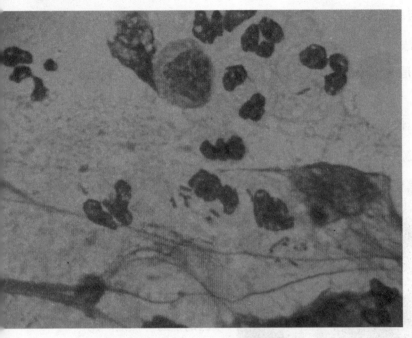

证每次实验都能够获得成功。

③核移植转基因法

体细胞核移植是近年来新出现的一种转基因技术。该方法是先把外源基因与供体细胞在培养基中培养，使外源基因整合到供体细胞上，然后将供体细胞细胞核移植到受体细胞——去核卵母细胞，构成重建胚，再把其移植到假孕母体，待

母畜所生的后代中，就有一定比例的动物是整合外源基因的转基因动物。同显微注射方法相比，精子介导的基因转移有两个优点：首先是它的成本很低，只有显微注射法成本的1/10。其次，由于它不涉及对动物进行处理，因此，可以用生产牛群或羊群进行实验，以保

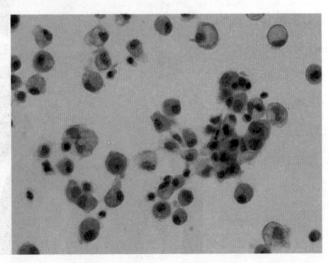

其妊娠、分娩，便可得到转基因的克隆动物。

（1）植物基因转化方法

①农杆菌介导法

农杆菌的Ti质粒可以作为载体。Ti质粒上有两个区域，一个是T-DNA区，这是能够转移并整合进植物受体的区段；另一个是Vir区，它编码实现质粒转移所需的蛋白质。将待转化的外源基因先克隆在大肠杆菌质粒上，然后将此质粒转入不会引起冠瘿瘤的农杆菌（这种菌的Ti质粒已除去了T-DNA），使外源基因通过同源重组整合在Ti质粒上；然后用带有外源基因的这种农杆菌去转化植物细胞，将外源基因转入植物细胞的基因组。

②直接转入法

直接转入法是将裸露的DNA直接导入植物细胞，然后将这些细胞在体外培养出再生植株。裸露的DNA的转化效率较低，因而要辅之以高效率的组织培养系统。植物细

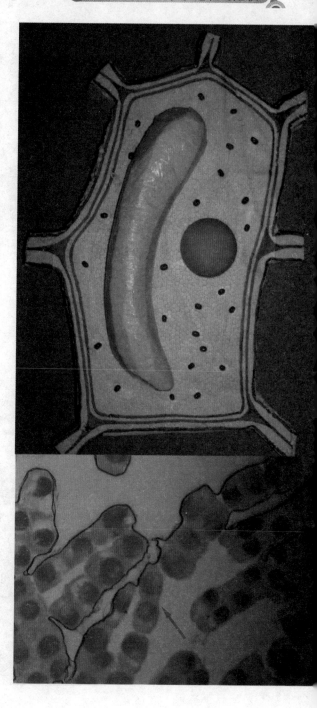

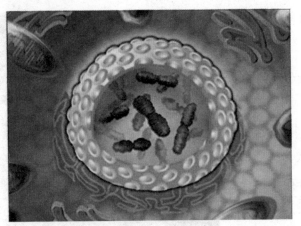

③原生质体融合

将不同物种的原生质体进行融合，可实现两种基因组的结合。也可将一种细胞的细胞器，如线粒体或叶绿体与另一种细胞融合，此时，是一种细胞的细胞核处于两种细胞来源的细胞质中，这就形成了胞质杂种。

胞有一层很厚的细胞壁，因此需先去除植物细胞壁，使之成为原生质体，然后用来直接转入外源DNA。当然，也可用机械的方法将DNA直接注入植物细胞而毋须去除细胞壁，这类方法有用显微操纵仪把DNA直接注入植物细胞，也可在金属微粒上蘸涂了外源DNA，把它当作子弹，用"基因枪"轰击植物组织而进入植物细胞。

基因工程的应用

基因工程在食品工业中的应用大体可分为食品原料的加工、微生物菌种性能的改良、酶制剂的生产、食品加工工艺、保健食品有效成分和农作物改良六个方面。

◎ 基因工程在食品工业中的应用

现代工业中有许多门类利用微生物代谢过程生产工业产品，比如酿酒、食品、发酵、酶制剂等。基因工程方法在改造所用微生物的特性中有极大潜力，因此，可以应用在工业生产的许多方面，提高质量、改进工艺或发展新产品。下面仅举几个例子。

啤酒酿造中，主要的发酵微生物是酿酒酵母。酵母把麦

芽汁中的葡萄糖、麦芽糖、麦芽二糖等成分转变成乙醇。但是麦

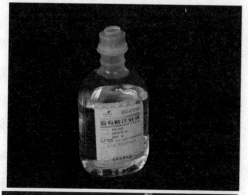

酒 精

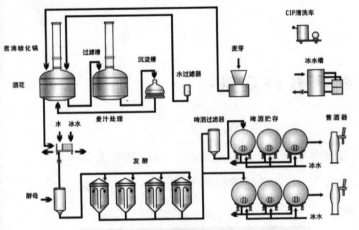

能最大限度地利用麦芽中的糖成分，使啤酒产量大为提高，并且因为残余糊精量的降低，亦提高了啤酒的质量。

在白酒和黄酒的酿造和酒精生产中，常用霉菌产生的淀粉水解酶使淀粉糖化，然后由酿酒酵母把糖转化为乙醇。淀粉需先经高温蒸煮，淀粉颗粒溶胀糊化，才能被霉菌产生的淀粉糖化酶所作用。蒸煮消耗的能量甚多，不少实验室已经试验将淀粉糖化酶的基因转入酿酒酵母，使淀粉糖化及乙醇发酵两步操作均由酵母来完成，并且力求免去蒸煮过程，可以大为节

啤酒酿造

芽汁中还有约占碳水化合物总数约 20% 的糊精不能被酿酒酵母利用。另一种酵母叫糖化酵母，能分泌把糊精切开成为葡萄糖的酶，但是它产生的啤酒口味不好。用基因工程的方法，把糖化酵母中编码切开糊精的酶的 DNA 基因引入酿酒酵母中去。这样的酿酒酵母工程菌

啤酒生产

约能源。

干酪是高附加值奶制品，且有极高的营养价值。制造干酪需要大量的凝乳酶。传统的方法是从哺乳小牛的第四个胃中提取凝乳酶粗制品，当然很不经济。现在已经做到将小牛的凝乳酶基因转入酿酒酵母中去，经酵母菌培养生产出大量具有天然活性的凝乳酶，用于干酪制造业。

乳清的利用：干酪生产中，取出凝乳块后，产生大量乳清。乳清中含有很多乳糖、少量蛋白质以及丰富的矿物质和维生素。把乳清作为废弃物排出，BOD值甚高，造成污染。近来把乳酸克鲁维酵母的水解乳糖的基因转入酿酒酵母，后者便可利用乳清发酵来产生酒精。

"吃油"工程菌：油轮的海上事故常常使海面和海岸产生严重的石油污染，造成生态问题。早在 1979 年美国 GEC 公司构建成具有较大分解烃基能力的工程菌，并经美国联邦最高法院裁定，获得专利。这是第一例基因工程菌专利。

◎ 基因工程在医学中的应用

1978年，美国Genentech公司开发出利用重组大肠杆菌合成人胰

胰岛素结构模型

岛素的先进生产工艺，从而解开了基因工程产业化的序幕。在此时利用基因工程生产的产品主要有人胰岛素、干扰素、人促进红细胞生成素、人生长激素、乙肝疫苗、人组织纤容酶原激活剂等。

此外，还有数以百计的新型基因工程药物诞生了，另有400余种药物正处于研制开发中。DNA重组技术已逐渐取代经典的微生物诱变育种程序，基因工程的开发和利用从很大的程度上推进了微生物种群的进化进程，在研究微生物的历史上也是具有十分重要的作用的。

一、基因工程用于生产蛋白质类药物

（一）人胰岛素

人胰岛素（优泌林）是由DNA遗传基因重组制造的，由非致病的大肠杆菌加入人体胰岛素基因，而逐渐转化而成，和人体分泌的胰岛素结构完全相同，不含动物杂质，包括常规人胰岛素、中效胰岛素、低精蛋白锌胰岛素。

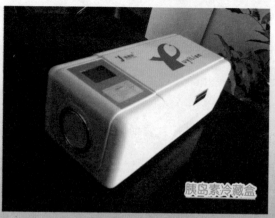

胰岛素冷藏盒

胰岛素合成的控制基因在第11对染色体短臂上。基因正常则生成的胰岛素结构是正常的；若基因突变则生成的胰岛素结构是不正常的，为变异胰岛素。在β细胞的细胞核中，第11对染色体短臂上胰岛素基因区DNA向mRNA转录，mRNA从细胞核移向细胞浆的内质网，转译成由105个氨基酸残基构成的前胰岛素原。前胰岛素原经过蛋白水解作用除其前肽，生成86个氨基酸组成的长肽链——胰岛素原。胰岛素原随细胞浆中的微泡进入高尔基体，经蛋白水解酶的作用，切去31、32、60三个精氨酸

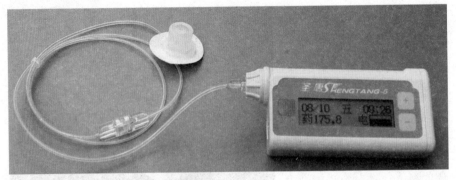

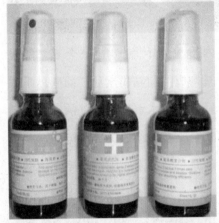

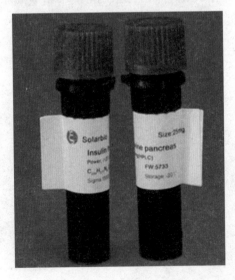

连接的链，断链生成没有作用的C肽，同时生成胰岛素，分泌到B细胞外，进入血液循环中。未经过蛋白酶水解的胰岛素原，一小部分随着胰岛素进入血液循环，胰岛素原有的生物活性仅有胰岛素的5%。

胰岛素半衰期为5至15分钟。在肝脏，先将胰岛素分子中的二硫键还原，产生游离的AB链，再在胰岛素酶作用下水解成为氨基酸而灭活。

1．体内胰岛素的生物合成速度主要受以下因素影响：

（1）血浆葡萄糖浓度是影响胰岛素分泌的最重要因素。口服或静脉注射葡萄糖后，胰岛素释放呈两相反应。早期快速相，门静脉血浆中胰岛素在2分钟内即达到最高值，随即迅速下降；延迟缓慢相，10分钟后血浆胰岛素水平又逐渐上升，一直延续1小时以上。早期快速相显示葡萄糖促使储存的胰岛素释放，延迟缓慢相显示胰岛素的合成和胰岛素原转变的胰岛素。

（2）进食含蛋白质较多的食物后，血液中氨基酸浓度升高，胰岛素分泌也增加。精氨酸、赖氨酸、亮氨酸和苯丙氨酸均有较强的刺激胰岛素分泌的作用。

（3）进餐后胃肠道激素增加，可促进胰岛素分泌如胃泌素、胰泌素、胃抑肽、肠血管活性肽都刺激胰岛素分泌。

（4）自由神经功能状态可影响胰岛素分泌。迷走神经兴奋时促进胰岛素奋时促进胰岛素

分泌；交感神经兴奋时则抑制胰岛素分泌。

胰岛素是与C肽以相等分子分泌进入血液的。临床上使用胰岛素治疗的病人，血清中存在胰岛素抗体，影响放射免疫方法测定血胰岛素水平，在这种情况下可通过测定血浆C肽水平，来了解内源性胰岛素分泌状态。

胰岛素的摄入剂量根据病情而定，适用于对饮食控制及口服药无效的糖尿病患者，特别是有些人对动物胰岛素过敏，以及对动物胰岛

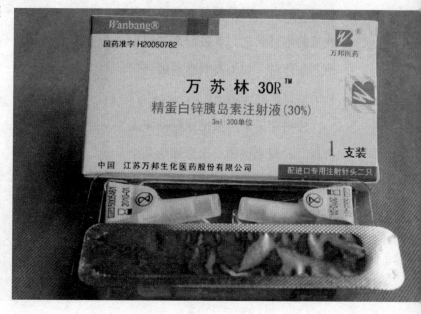

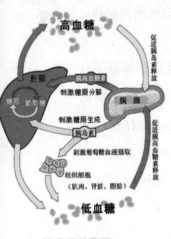

高血糖

肝脏

胰高血糖素
制激糖原分解 胰腺
制激糖原生成
胰岛素
刺激葡萄糖血液摄取
组织细胞
（肌肉、肾脏、脂肪）

促进胰岛素释放

促进胰高血糖素释放

低血糖

胰岛素的作用

素耐药，有脂质萎缩及脆性糖尿病患者。

2. 用法用量：

普通人胰岛素可供静脉使用。中效胰岛素和低精蛋白胰岛素只可皮下注射，在上臂、大腿、臀部及腰部皮下注射，注射部位需轮换交替，同样的注射部位每月不能重复。

一般来说，开始注射胰岛素时每天3至4次，以早餐前剂量最大，晚餐前剂量次之，午餐前剂量较小的方法注射。如果需要睡前加打一针的话，其剂量最小。

注射胰岛素可根据尿糖的多少选择。一般来说哪一次尿糖为几个加号，就应该按每个加号2至3个单位在上一顿饭前打适量的胰岛素。比如说午餐前尿糖为三个加号，开始时就可以在早饭前打6至10个单位的胰岛素。如果空腹尿糖三个加

号，则应在前一天晚餐前或者睡前打6至10个单位的胰岛素。

3. 副作用及注意事项：

偶见过敏反应。胰岛素耐药、

及轻度脂质性营养不良。注意监测血糖，有肝肾功能受损的患者，或正在使用口服降血糖药，水杨酸制剂，磺胺类药物，需要减少胰岛素

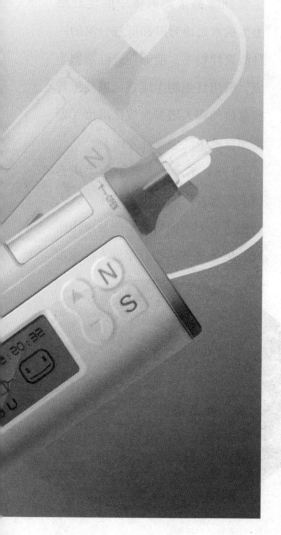

的剂量。

（二）干扰素

干扰素具有广谱抗病毒的效能，是一种治疗乙肝的有效药物，国际上批准治疗丙型病毒性肝炎的药物只有它。但是，通常情况下人体内干扰素基因处于"睡眠"状态，因而血中一般测不到干扰素。只有在发生病毒感染或受到干扰素诱导物的诱导时，人体内的干扰素基因才会"苏醒"，开始产生干扰素，但其数量微乎其微。即使经过诱导，从人血中提取1毫克干扰素，需要人血8000毫升，其成本高得惊人。据计算：要获取1磅（453克）纯干扰素，其成本高达200亿美元。使大多数病人没有使用干扰素的能力。1980年后，干扰素与乙肝疫苗一样，采用基因工程进行生产，其基本原理及操作流程与乙肝疫苗十分类似。现在要获取1磅（453克）纯干扰素，其成本不到1亿美元。从人血中分离纯化治疗一个肝炎病人的费用高达二三万美

元，用基因工程技术生产干扰素治疗一个肝炎病人大约只需二三百美元。基因工程生产出来的大量干扰素，是基因工程药物对人类的又一重大贡献。

生产基因工程药物的基本方法是，将目的基因用DNA重组的方法连接在体载体上，然后将载体导入靶细胞（微生物，哺乳动物细胞或人体组织靶细胞），使目的基因在靶细胞中得到表达，最后将表达的目的蛋白质提纯及做成制剂，从而成为蛋白类药或疫苗。若目的基因直接在人体组织靶细胞内表达，就成为基因治疗。

（三）人促红细胞生成素

红细胞生成素（EPO）是一种糖蛋白质激素，是为促进骨髓红系祖细胞生长、增生、分化和成熟的主要刺激因子。人体中的促红细胞生成素是由肾脏和肝脏分泌的一种激素样物质，能够促进红细胞生成。服用红细胞生成素可以使患肾病贫血的病人增加血流比溶度（即增加血液中红细胞百分比）。

1984 年重组人红细胞生成素研究成功并广泛应用于临床，大大加速了人们对EPO的基础及应用研究。后来这种药物近年进入商业市

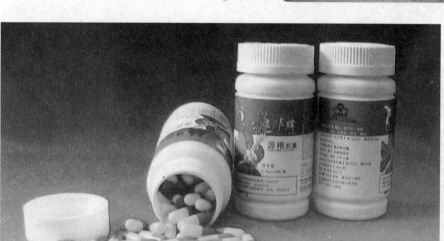

场。人体缺氧时，此种激素生成增加，并导致红细胞增生。EPO兴奋剂正是根据促红细胞生成素的原理人工合成，它能促进肌肉中氧气生成，从而使肌肉更有劲、工作时间更长。

研究证明EPO主要作用于红系祖细胞阶段，其作用可能是通过对决定血红蛋白合成的遗传基因去阻遏因子的作用而实现的。

1. EPO对红细胞生成的作用

（1）刺激有丝分裂，促进红系祖细胞的增生；

（2）激活红系特异基因，诱导分化；

（3）能显著减缓红系祖细胞DNA的降解速率，阻抑缓红系祖细胞的程序性死亡，以及加速网织红细胞的释放和提高红细胞膜的抗氧化功能。

2. 现有的研究表明EPO的作用要比以前所认识到的广泛：

（1）EPO和红细胞生成素受体表达在不同的非红细胞生成组织；

（2）EPO能促进内皮细胞和神经元的存活；

（3）红细胞生成素受体可能

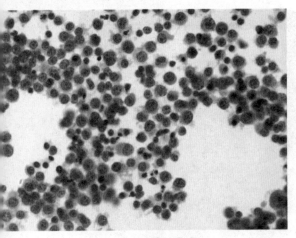

缺铁性贫血

在正常胚胎的脑发育中起作用，它的表达见于皮质和中脑区域的神经元，可以在缺氧条件下促进生存。

3.临床意义

（1）肾性贫血患者EPO水平较低，在进行治疗过程中，往往通过注射EPO来提高体内红细胞生成素水平进行治疗，从而帮助病人增加红细胞数量，此时EPO水平有所上升。

（2）其他贫血如缺铁性贫血、巨细胞性贫血患者EPO水平不降低，但也可以使用EPO治疗，此时浓度也会有所升高。

（3）再生障碍性贫血和骨髓造血功能不全患者EPO水平升高。

（4）EPO还有抗氧化稳定红细胞膜的作用，改善红细胞膜脂流动性和蛋白质构象，促进膜Na^+-K^+ATP酶的活力，维持膜内外正常渗透压以及对多向祖细胞、巨

核系祖细胞、粒单系祖细胞也有一定的刺激作用。

虽然重组人红细胞生成素能够通过增加血液中红细胞和血红蛋白的数量以及改变运动中代谢底物的利用等途径而提高机体有氧工作能力，但长期或大剂量摄入不仅会产生头痛、幻觉、肌肉酸痛、大面积体毛脱落、泛发性湿疹等不良反应，而且会诱发虹膜炎反应、癫痫和血糖异常升高等病症，甚至有可能因为高血压及高血压脑病、血栓、肺栓塞、脾梗塞、气管痉挛乃至急性白血病的发生而威胁服用者的生命。提示教练员及运动员需深入了解重组人红细胞生成素的潜在危害并理性对待。

二、基因工程用于药物与疫苗生产

（一）基因工程的药物生产

利用基因工程技术生产有应用价值的药物是当今医药发展的一个重要方向，现在世界上已有几千家生物技术公司，其中多数

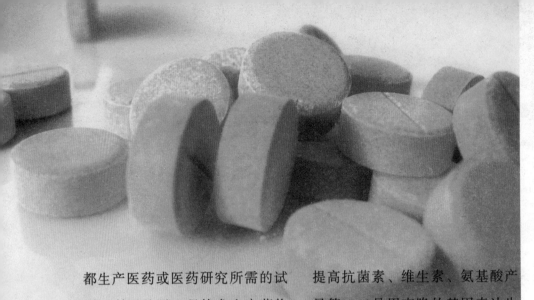

都生产医药或医药研究所需的试剂。利用基因工程技术生产药物有两个不同的途径：一是利用基因工程技术改造传统的制药工业，例如用DNA重组技术改造制药所需要的菌种或创建的菌种，

提高抗菌素、维生素、氨基酸产量等；二是用克隆的基因表达生产有用的肽类和蛋白质药物或疫苗。虽然基因诊断和医药研究试剂的基因工程产品已经很多，但目前基因工程药物还只处在发展的早期，至今真正被卫生部门正式批准投放市场的基因工程肽或蛋白类治疗药物现在还不多，但正在开发的基因工程治疗药物却有几百种，而且逐年迅速增加，可见其具有巨大的潜力。基因工程药物不仅用于医药上，还能用于工农业上，促进生产的发展，已经投放市场或近期可望投放市场的基因中成药物可举出以下例子。

1. 基因工程疫菌

乙型肝炎是常见的传染病，

过去从病人血液中分离乙肝病毒的表面抗原作为疫苗，来源有限，价格昂贵，有潜在交叉感染的危险。现在克隆的病毒编码为HbsAg基因，使其表达获得大量HbsAg用作疫苗。1986年美国正式批准基因工程乙肝疫苗投放市场，我国的科学工作者也克隆得到在我国流行常见乙肝病毒亚型的HbsAg基因，研制得适用于我国乙肝基因工程疫苗，并已生产和使用。近期可能投放市场的还有甲型肝炎、巨细胞病毒、流行性出血热、轮状病毒、细菌性腹泻等基因工程疫苗。我军事医学科学院研制的仔畜腹泻基因工程疫苗，使仔畜免遭大肠杆菌腹泻之害，保护率达90%以上，为我国的肉食供应做出了贡献。

2. 基因工程肽类药物

由免疫细胞和其他细胞分泌的细胞因子是具有很高活动性的肽类分子，在调节细胞生长分化、调节免疫功能、参与炎症反应和创伤修复中起重要作用。其中许多很有应用价值，但其生成量极微，难以提取获得，基因工程则可克隆其基

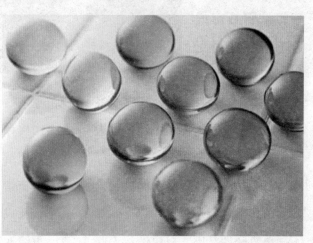

维生素

因，使之表达获得大量产物供用。传统的肽类激素，血液中的微量活性成分、酶类同样可用基因工程手段获得。

3. 基因工程抗体

用传统细胞融合杂交瘤技术制备的单克隆抗多数是鼠源性抗体，用于人体会产生免疫排斥反应，用

杂交瘤方法制备人源性抗体又遇到难以克服的困难。用基因工程的方法可以不经过杂交瘤技术而直接获得特定的人的抗体基因克隆。也可以计算

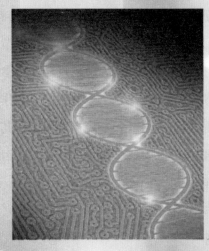

机辅助设计，用DNA重组技术将鼠源性抗体基因人源化，然后放入表达载体，表达产生人源化抗体。我国已成功克隆得到多种肿瘤、抗病毒、抗细胞因子、抗细胞受体等不同单克隆的基因，鼠源性抗人肝癌、抗人黑色素瘤、抗人纤维蛋白抗体基因的人源化工作正在进行，并已成功直接获得人源性抗乙型肝炎病毒抗体基因。不同类型的抗体基因已分别在细菌、昆虫细胞、培养的哺乳细胞和植物中表达。基因工程抗体被称为第三代抗体，其研制虽然刚起步，但已展示出良好的应用前景。

（二）基因工程的疫苗生产

常用的制备疫苗的方法，一种是弱毒活疫苗，一种是死疫苗。两种疫苗各有自身的弱点。活疫苗隐含着感染的危险性。死疫苗免疫活性不高，需加大注射量或多次接种。利用基因工程制备重组亚基疫苗，可以克服上述缺点，亚基疫苗指只含有病原物的一个或几个抗原成分，不含病原物遗传信息。重组亚基疫苗就是用基因工程方法，把编码抗原蛋白质的基因重

组到载体上去，再送入细菌细胞或其他细胞中区大量生产。这样得到的亚基疫苗往往效价很高，但决无感染毒性等危险。

乙肝疫苗

乙肝疫苗于 1984 年问世。乙肝疫苗是用于预防乙肝的特殊药物。乙肝疫苗是通过现将乙肝病毒杀死但是却包括其抗原性而形成的。这种无病毒而具有抗原性的乙肝疫苗一经进入人体，仍然会因其抗原性而刺激免疫系统产生抗体，这种抗体在人体中先于乙肝病毒出现，乙肝病毒一旦出现，抗体会立即作用，将其清除，阻止感染，并不会伤害肝脏，从而使人体具有了预防乙肝的免疫力，从而达到预防乙肝感染的目的。接种乙肝疫苗是预防乙肝病毒感染的最有效方法。

乙型肝炎疫苗的研制先后经历了血源性疫苗和基因工程疫苗阶段。目前基因工程乙肝疫苗技术已相当成熟，我国自行研制的疫苗经多年观察证明安全有效，亦已批准

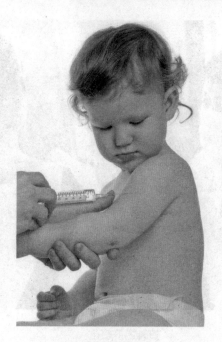

接种乙肝疫苗

生产。乙肝疫苗的发展与应用，将对乙型肝炎的预防和控制起重要作用。

人类是乙肝型肝炎病毒的唯一宿主，当安全、有效、足量的乙型肝炎疫苗提供接种使用时，肯定将对控制乙型肝炎病毒的传播起到决定性的作用。乙肝病毒通过某种途径进入人体后，会因为其带有的抗原性而刺激免疫系统产生一种叫做抗体的蛋白质来杀死病毒，

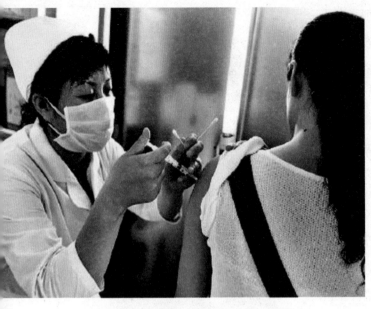

接种乙肝疫苗

用一种"基因剪刀"将调控HBSAg的那段DNA剪裁下来，装到一个表达载体中。所谓表达载体，是因为它可以把这段DNA的功能发挥出来，再把这种表达载体转移到受体细胞内，如大肠杆菌或酵母菌等。最后再通过这些大肠杆菌或酵母菌的快速繁殖，生产出大量我们所需要的HBSAg。

抗体杀毒时会伤害肝脏，就好像杀毒软件杀毒时不得不把染毒的文件破坏。向人体注射的乙肝疫苗并非这种抗体蛋白质。

过去，乙肝疫苗的来源，主要是从乙肝病毒携带者的血液中分离出来的HBSAs，这种血液是不安全的，可能混有其他病原体的污染。此外，血液来源也是极有限的，使乙肝疫苗的供应犹如杯水车薪，远不能满足需要。基因工程疫苗解决了这一难题。利用基因剪切技术，

我国已计划实施新生儿普遍免疫，并准备将乙肝疫苗的免疫接种纳入计划免疫范围，全国范围内控制乙型肝炎运动的序幕已经拉开。

现在用的基因工程乙肝疫苗为乙肝重组脱氧核糖核酸酵母疫苗和重组牛痘病毒疫苗。计量为每支5微克。接种3针乙肝疫苗后15年，51%接种者体内仍含有对乙肝病毒的抗体，接种疫苗人群仍然对乙肝病毒有抵抗力。证明对接种乙肝疫

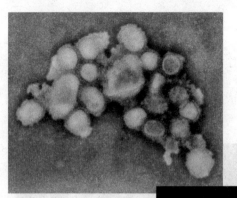

传达效果显著，但是有可能引起人体的免疫反应或引发癌症等缺陷。结果，制造没有副作用的人造病毒成为主要的研究课题。制造人造病毒最大的问题是大小和形状难以调整，而人造病毒的大小和形状正是最重要因素。

苗的人群来说，半数人群的免疫力至少能保持15年。

三、基因工程用于人造病毒的生产

一提到危害人类健康的病毒大家几乎是谈虎色变，但是即便是令人恐怖的病毒也是可以被人类所征服的。如果能彻底认清病毒的结构以及运行机理，最终人们可以完全控制病毒。因为自然状态的病毒是能够向感染细胞传达遗传物质的高功效传达体。科学家为了利用病毒治疗遗传疾病和遗传性缺陷的患者，投入很多时间进行了研究。正如有阳光必有阴影，自然病毒遗传基因

2002年7月12日，美国《科学》杂志报道了纽约州立大学石溪分校生化专家爱

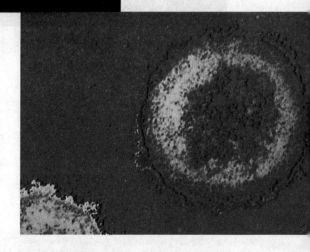

德华·威默教授研究小组的这一研究成果。他们利用邮购的DNA原材

料和可从互联网上获取的基因组序列信息，首次在试管中合成出了小儿麻痹症病毒。

小儿麻痹症病毒在病毒中是目神经系统。小儿麻痹症病毒在细胞里的复制，比起含有300多万个碱基的人类基因组，脊髓灰质炎病毒的基因组算是很小的了。但是为了

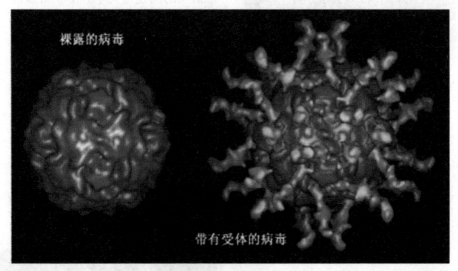

裸露的病毒

带有受体的病毒

小儿麻痹症病毒

前科学家们研究得最彻底的病毒之一。它的基因组由单股RNA组成，侵入细胞后，这一RNA首先被翻译成各种白质，随之化整为零，分裂成一群更小的蛋白质，攻击中枢节约时间，他们从一家生物科技公司邮购了大量的DNA片段原材料，这些材料标价便宜到每个碱基对40美分，然后将其组装成完整的DNA链。DNA通过一种同样可

以在市面上买到的酶，转换成病毒RNA。RNA被放入装有特定蛋白质的试管后，开始自行复制，生产出蛋白质，最后形成病毒。许多其他病毒，特别像H.I.V和丙型肝炎等效基因组病毒，都能用这种方法合成。

美国知名科学家文特尔2003年11月13日在华盛顿宣布，他和同事用短短14天就合成出一种在自然界中并不存在的噬菌体。这可能是向合成用于能源生产和环保的完整人造微生物迈出的重要一步。文特尔在新闻发布会上说，人工合成出

文特尔

微生物不仅能帮助科学家更好理解细胞的基本过程，推动对人体生物机制的认识，而且相关技术进步也会大大增强科学家操控微生物的能

文特尔研究"人类基因组图谱"

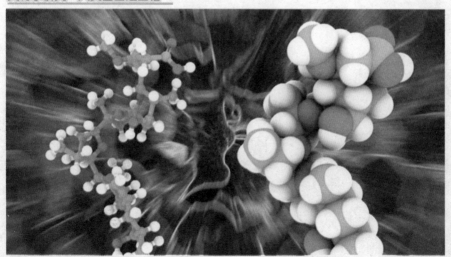

力，这些技术在能源和环保领域将大有用武之地。

新合成的噬菌体名为"Phi－X"，是利用可通过商业渠道获得的人造单股DNA原料合成的。噬菌体是一类寄生于细菌的病毒，结构比细菌和真菌等要简单得多，它会感染并杀死细菌，但对人体无害。文特尔曾因领导研究人员快速绘出人类基因组草图而备受瞩目。

美国北卡罗莱纳大学和基因研究所的克莱德·哈钦森教授在美国科学促进会年会上发言说，这是个前人尚未涉足的领域，但如果研究人员全力以赴的话，数年之后就能将人工病毒造出来。根据科学家们的看法，首批人造合成病毒将在5年内造出来。

尽管这种研究的目的是专门造某些可被科学家用于基因改良工程的病毒。但是，让人们感到担心问题的也是存在的：难以预料的生化武器会不会借此机会而大规模的生产呢？许多科学家正在为这个恐怖问题的提出而担忧。

◎ 基因工程在农牧业中的应用

基因工程与农业

基因工程产品在农业领域无孔不入，生物技术在医学领域取得显著进展，已有一些基因工程药物取代了常规药物，医学界在几方面从基因研究中获利。

几十年来，植物之间的基因转移，在农作物改良中发挥巨大的作用。如抗病虫害和抗倒伏等特有的性质转移到农作物中去，培育出优良的农作物新品种。重组DNA技术为农业基因工程的发展开拓更为广泛的道路。

现在栽培的全部作物，都是起源于最初的杂交种。杂交并不一定都能成功，即使发生变异，也未必有益于改良作用。这就要用先进的杂交技术，改善变异的方法。进入20世纪20年代以来，育种家采用种间杂交技术，把野生植物的基因转移到邻近的栽培种内。1930年，麦克凡登把4倍体双粒小麦的抗茎锈和抗黑粉病的基因转移到6倍体小麦中，得到的新小麦杂种就有以上两种抗性。

目前，植物性食品原料的品质与食品质量关系很大，采用基因工程技术可改良原料的品质，提高食品质量。如改良的马铃薯比一般马

芥菜花

热带弗洛拉

铃薯固形物含量高，大豆的芥菜花经过改良后，其植物油中含有不饱和脂肪酸较高，因而食用油的品质提高。

随着基因工程技术的发展，我们已可以按照需定向改造酶，甚至创造新的酶。目前，蛋白酶、淀粉酶、脂肪酶、糖化酶和植酸酶等工业用酶均可采用基因工程技术进行生产和改良。

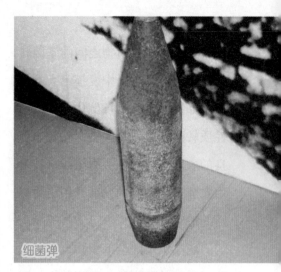

细菌弹

◎ 基因工程在军事中的应用

生物武器已经使用了很长的时间，细菌、毒气都令人为之色变。

但是，现在传说中的基因武器却更加令人胆寒，基因武器只对具有某种基因的人（例如某一种族）有杀伤力，而对其他种族的人毫无影响，这种武器的使用无疑会使遭受基因武器袭击的种族面临灭顶之灾。

1. 基因武器

基因是人类破译生命密码的钥匙，基因工程技术是人类有可能最终掌握操纵生命的本领。1997年2月27日，英国权威科学杂志社《自然》刊登了一篇震撼世

核武器的威力

界的文章，宣布世界上第一例真正的无性繁殖克隆小绵羊"多莉"问世。2000年6月26日，人类有史以来第一个基因组草图"人类生命蓝图"完成。

基因武器也称遗传工程武器或DNA武器。它运用先进的遗传工程这一新技术，用类似工程设计的办法，按人们的需要通过基因重组，在一些致病细菌或病毒中接入能对抗普通疫苗或药物的基因，或者在一些本来不会致病的微生物体内接入致病基因而制造成生物武器。它能改变非致病微生物的遗传物质，使其产生具有显著抗药性的致病菌，利用人种生化特征上的差异，使这种致病菌只对特定遗传特征的人们产生致

病作用，从而有选择地消灭敌方有生力量。

2.基因武器的特点

基因武器的威力表现在如下几方面：

①杀伤力大，生产成本低

有人将基因武器与威力巨大的核武器进行了比较。经计算用5000万美元建立的一个基因武器库，其杀伤力远远超过一座50亿美元建立的核武器库。据世界卫生组织测算，1枚100万吨TNT当量的核武器对无防护人群的杀伤范围是300平方米，10吨普通生物战剂为10万平

方千米，而基因武器则是普通生物战剂的10倍甚至是百倍以上。

②杀人不见血

与其他现代化武器相反，杀人不见血是基因武器最显著的特点。基因武器一旦被掌握，使用者根本不用兴师动众，只需要将基因病菌投入敌人的领土，就可以使敌人在无形的战场中瓦解或者失败。例如将一种通过基因个工程培养出的"超级出血热菌"投入到放水系中，回水系流域的居民多数丧失生活能力，要比核弹杀伤力大几十倍。

③有精确的敌我分辨能力，只攻击敌方特定人种

利用基因重组技术，基因武器还可以通过改变非致病微生物的遗传基因，产生具有显著抗药性的

新致病菌，并利用人种生理特征上的差异，使这种致病菌只对攻击特定人群产生致病作用，以达到有选择性地杀敌目的。用到极端，可灭种、灭族。

英国《星期日泰晤士报》1998年11月15日报道，以色列科学家正在培植能攻击特定人种遗传基因的细菌或病毒，从而研制只对阿拉伯人起作用、对犹太人没有危害的"人种炸弹"基因武器。据英国《简氏防务周刊》报道，以色列科学家利用南非"染色体武器"的某些研究成果，已经发现了阿拉伯人特别是伊拉克人的部分基因构成。对这些报道，以色列政府一盖予以否认，称其生物研究是防御性

《简氏防务周刊》

的。

④不可救药的武器

基因武器运用了遗传工程这一新技术，按照需要通过基因重组，人为地改变一些致病微生物的遗传基因，培育出新的危害性更大的生物战剂。如果把几种有害的基因一起转移，就会使制造出的新生物战剂危害性更大。由于经过改造的病毒、病菌的"基因密码"只有制造者才知道其中奥秘，被攻击的一方在短时期内很难破解，也就很难防御和治疗，基本属于"不可救药"，对地方具有强大的心理震慑力。如果交战一方科学技术落后，就更难以避免大祸临头了。

3. 基因武器的分类

①微生物基因武器

微生物基因武器是生物武器库中的常见家族，包括：利用微生物基因修饰生产新的生物战剂、改造构建已知生物战剂、利用基因重组方法制备新的病毒战剂；把自然界中致病力强的基因转移，制造出

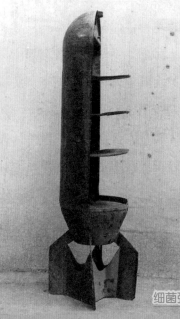

细菌弹

致病力更强的新战剂；把耐药性基因转移，制造出耐药性更强的新战剂。

②毒素基因武器

自然毒素是自然生物产生的，通过生物技术可增强其毒性，还能制成自然界所没有的毒性更强的混种族基因武器。混种族基因武器是当前基因武器库中最具诱惑力的新成员，也是最具威力的一种。虽然目前尚无成功报道，但其现实威胁已迫在眉睫。种族基因武器，也称

"人种炸弹"，是针对某一特定民族或种族群体的基因武器。只对某特定人种的特定基因、特定部位有效，故对其他人种完全无害，是新式的超级制导武器。

③转基因食物

转基因食物是利用基因技术对食物进行处理，制成强化或弱化基因的食品。可诱发特定或多种疾病，降低对方的战斗力。研制转基因药物，通过药物诱导或其他控制手段既可削弱对方的战斗力，也可增强己方士兵的作战能力，培育未来的"超级士兵"。

④克隆武器

利用基因技术产生极具攻击性和杀伤力的"杀人蜂""食人蚁"或"血蛙""巨蛙"类新物种，再利用克隆技术复制，未来战场上出现怪兽追杀人的残酷场面将非天方夜谭。

4.基因武器的使用

基因武器的使用方法有用人工、飞机、导弹或火炮把经过遗传工程培养过的细菌、细菌昆虫和带有致病基因的微生物，投入他国的主要河流、城市或交通要道，让病毒自然扩散、繁殖，使人、畜在短

时间内患上一种无法治疗的疾病，使其在无形战场上静悄悄地丧失战斗力。由于这种武器不易发现且难防难治，一些科学家

对它的忧虑远远超过了当年一些核物理学家对原子弹的忧虑。

在人类基因组多样性的研究中，关注基因武器已经发现人种之间确实存在基因的差异。这种差异，很可能被种族主义者和恐怖主义分子所利用。他们可以根据不同种族基因组多样性特点，采用基因工程技术手段，设计、研制出针对某一种族的基因武器，从而对某一种族或国家的安全造成潜在的和巨大的威胁。

基因武器杀伤力远比普通的生物战剂强。据估算，用5000万美

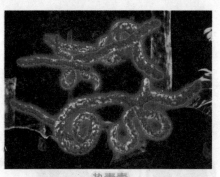

热毒素

元建造一个基因武器库，其杀伤效能远远超过50亿美元建造的核武器库。某国曾利用细胞中的脱氧核糖核酸的生物催化作用，把一种病毒的DNA分离出来，再与另一种病毒的DNA相结合，拼接成一种具有剧毒的"热毒素"基因战剂，用其万

战斗机

分之一毫克就能毒死100只猫；倘用其20克，就足以使全球55亿人死于一旦。正因为如此，国外有人将"基因武器"称为"世界末日武器"。科学家认为，不能排除随

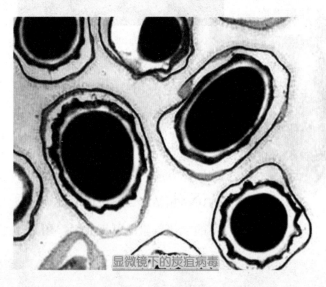
显微镜下的炭疽病毒

着基因操作等知识的日益普及，基因技术被用于制造基因武器的可能。甚至有人预测，基因武器将在5至10年内出现。

此外，基因武器可根据需要任意重组基因，可在一些生物中移入损伤人类智力的基因。当某一特定族群的人们沾染上这种带有损伤智力基因的病菌时，就会丧失正常力。

在战术上，基因武器不易被发现，将使对方防不胜防。因为经过改造的病毒和细菌基因，只有制造者才知道它的遗传"密码"，其他人很难破译和控制。同时，基因武器的杀伤作用过程是在秘密之中进行的，人们一般不能提前发现和采取有效的防护措施。一旦感受到伤害，为时已晚，在此之前早已遭到基因病毒的侵袭，很难治疗。此外，基因武器还有成本低、持续时间长、使用方法简单、施放手段多样、不破坏敌方基础设施和武器装备等特点，具有较强的心理威慑作用。

目前，至少美国、俄罗斯和以色列都有研制基因武器的计划。美国已经研制出一些具有实战价值的

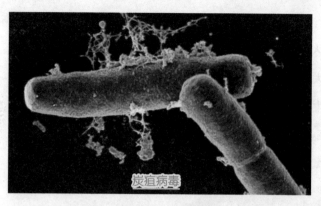
炭疽病毒

影响

基因武器与其他现代化武器比较，除不易防御和被害后难治疗等特点以外，还有成本低、易制造、使用方便、杀伤力大等优势。基因武器可以用人工、普通火炮、军舰、飞机、气球或导弹进行施放，可以投在对方的前线、后方、江河湖泊、城市和交通要冲使疾病迅速传播。将一种超级出血热菌的"基因武器"投入对方水系，会使水系流域的居民多数丧失生活能力，这要比核弹杀伤力大几

基因武器。他们在普通酿酒菌中接入一种在非洲和中东引起可怕的裂各热细菌的基因，从而使酿酒菌可以传播裂各热病。另外，美国已完成了把具有抗四环素作用的大肠肝菌遗传基因与具有抗青霉素作用的金色葡萄球菌的基因拼接，再把拼接的分子引入大肠肝菌中，培养出具有抗上述两种杀菌素的新大肠肝菌。俄罗斯已利用遗传工程学方法，研究了一种属于炭疽变素的新型毒素，可以对任何抗生素产生抗药性，目前找不到任何解毒剂。以色列正在研制一种仅能杀伤阿拉伯人而对犹太人没有危害的基因武器。

5.基因武器对未来战争的

未来战争畅想

十倍。

一旦基因武器投入未来战争，将使未来战争发生巨大变化：

①战争模式将发生变化

敌对双方可能在战前使用基因武器，使对方人员及生活环境

核 弹

遭到破坏，导致一个民族、一个国家丧失战斗力，经济衰退，在不流血中被征服。

②军队的编制体制结构将发生变化

战斗部队将减少，而卫生勤务保障部队可能要增加。

③战略武器与战术武器将融为一体

未来战场成为无形战场，使战场情况难以掌握和控制。

④为军事防御和军事医学研究带来新课题

6. 如何应对基因武器的挑战

基因技术是人类科技发展的世纪奇迹，基因技术作为能改变人类社会的神灵之手，对于人类的优生优育、致病救命、延年益寿、引发绿色革命、造就分子耕作等提供多方面、效果奇特的新机遇，而那些迷信实力、千方百计将其用于军事和战争的人们又对全人类的安全带来新的挑战。如何对付基因武器已经成为摆在人类面前的一个严峻课题。

尽管有人在从事基因武器的研

克林顿

完毕。1998年4月，美国总统克林顿主持会议讨论有关基因工程和生物技术发展与军事的关联。同年5月，克林顿下令加强防生化战疫苗和抗生素的储备，以应付可能发生的生物战。2000年1月，美国防部对核化生防护战略进行调整，提出建立防护大规模杀伤性武器军兵种联合计划，改进武器系统联合作战能力，提高非传统作战能力，提高非传统作战样式的认识，调整防护装备的研制开发、采办、经费投入、计划和人员部署。1999～2003年美将投资46亿美元用于化学生物战。

究，但也有人在积极研究对基因武器的防护。据报道，有的国家早在20世纪80年代就开始对生物战剂防护措施的研究工作，并研制出多种预防生物武器侵袭的疫苗。1997年，美国国防部长科恩下令，自当年起，所有美国现役军人和后备役军人必须按规定接种生物战剂防护疫苗，并于2003年前全部接种

克林顿

喷洒杀虫生物药剂

据1997年7月外电报道，英国已组织由军事专家、遗传学家、生物学家和律师组成的小组，研究种族基因武器的可能性及对策。

为了保护全人类的最大利益，维护和促进世界和平与发展，有效防范基因武器的潜在威胁，我们应采取以下对策：

①积极敦促国际社会按照1998年联合国大会批准的"关于人类基因组与人类权利的国际宣言"的精神，在全球范围内达成有关限制基因技术的使用，全面禁止基因武器研制的伦理公约和协议。

②尽快采取行动，认真研究本民族的基因密码，及早察明其中的特异性和易感性基因，有针对性地采用生物工程技术研制有效的生物药剂和疫苗，提高和增强民族的基因抵抗力。

③积极应用高新技术，研制新型探测和防护器材，做到有效识别和防护。

④针对敌军可能实施基因战的战法、途径和手段进行专门研究，

超级细菌

及早制定行动预案。只有这样，在未来可能面临的基因威慑与反威慑的斗争中，中华民族才不至于受制于人。

◎ 基因工程在环境保护中的应用

环境污染主要是指有害物质对大气、水体、土壤和动植物的污染。20世纪50年代以来，随着工业的迅速发展，环境污染的问题日益严重，尤其是在一些工业发达的国家和地区。因此，研究污染物质在环境中的运动规律以及防治污染的原理和方法，已成为世界各国的重要课题。环境污染的防治是一项极其复杂的任务，它涉及到许多学问。生物技术与环境污染的防治有密切的关系。

把基因工程用于环境监测，用DNA探针可检测饮水中病毒的含量。使用一个特定的DNA片段制成探针，与被检测的病毒DNA杂交，从而快速、准确的把病毒检测出来。

把基因工程用于被污染环境的净化、分解石油的"超级细菌"、"吞噬"汞和降解土壤中DDT的细菌，能够净化镉污染的植物，构建新的杀虫剂、回收、利用工业废物等。

1. 用昆虫毒素基因制杀虫剂取得成功

美国犹他公司的基因工程研究人员从蜘蛛体内发现并成功分离出了毒素基因。他们运用转基因工程技术将毒素基因导入一种侵染毛

棉 花

使用的蝎子毒素基因，通过基因工程生产出的杀虫剂，具有极好的杀虫效果，特别是它不会对环境产生污染。

2．转基因作物抗虫效果明显

本项试验的开发是在棉花中导入BT基因。BT是土壤中一种可杀灭害虫的细菌。将BT基因转导入棉花中，可使棉花细胞内产生一种自然毒素，这种毒素具有杀灭作物害虫的作用。该实验是在美国北卡罗来纳州进行的。该地棉花总种植面积为30万平方千米，其中有5%的地种植了BT基因棉花。目前这种新型转基因抗虫棉正在美国及全世界

虫的病毒中，获得了表达。当毛虫这种害虫吞下了这种转基因病毒，该基因随至侵染细胞，继而杀死毛虫。检测和进一步实验表明，用该基因工程技术制成的杀虫剂，不仅杀虫效果明显，而且具有高度的专一性，对植物及其他动物无任何危害。

在这项基因工程成功试验的启迪下，阿森斯的佐治亚大学又成功地从螨虫中得到了生产毒素的基因；英国牛津自然环境调查研究理事会的病毒学和环境微生物学研究所与美国戴维斯的加利福尼亚大学

棉铃虫

销售。棉农们对这种棉花普遍持欢迎态度，因为他们种植这种基因工程棉花大大减少了购买杀虫剂的开支，特别是由于不使用农药，减少了环境污染，有利于维护农业生态平衡。

我国科学家、江苏省农科院研究员黄骏麒主持研究的转基因抗虫棉，是将具有杀虫作用的特殊基因导入棉花植株，并使之具有遗传性。这种不同于美国北卡罗来纳州的转基因棉花经实验室及田间抗虫性鉴定，杀虫效果高达80%～100%，凡是吃了这种基因工程棉花枝叶的棉铃虫等害虫，每100条中至少有80条当即被毒杀，而棉花本身的生长和品质不受任何影响。专家们在鉴定报告中指出，

这种新型抗虫棉的培育成功，具有明显的经济效益和环境效益，目前正在大面积推广。

我国科技工作者已在玉米、土豆等农作物害虫防治中运用了这一技术并取得成效。

3．基因工程作物可以不施肥或少施肥

墨西哥科技工作者新近用转基因工程技术进行作物改良并取得了良好的成效。这项实验是由墨西哥伊拉普托高级研究中心的植物学家路易·海勒·易切拉将一种产生柠檬酸的功能基因导入生长在碱性土壤中的烟草，然后进行少施肥和不施肥的实验，结果均有明显的增产效果（分别增产30%和20%）。该课题组在研究报告中

指出：运用此基因工程后，作物只用普通作物的一半肥料就能取得最好的长势和增产效果。

易切拉小组还为水稻和玉米进行了转基因实验，初步结果表明其效果更为显著。

4. 转基因水稻由实验室走向大田

水稻是包括我国在内的亚洲各国的最主要的粮食作物，其栽培范围广、面积大、产量多。我国是世界上第一个使用杂交稻的国家。设在杭州的中国水稻研究所是我国唯一的国家级水稻专业性研究所。经过多年的研究，特别是近几年来，我国在利用基因工程进行遗传育种和增产及环保栽培研究上取得的成就为世界所公认。

广受世人关注的转基因水稻研究正从实验室走向大田。中国水稻研究所承担的这一项目已进入大田释放阶段。这一在世界上首次研究出的能抗除草剂的转基因杂交水稻，为解决长期以来困扰杂交稻制种纯度的问题提供了新方法。该成果名列由我国500位两院院士评选出的"1997年中国十大科技进展"榜首。之后，该课题组又成功地配

烟草

型黄瓜是将从水稻中提取出的溶菌性壳质酶导入黄瓜细胞里培育出来的，这种酶可以溶化造成黄瓜灰色霉病的线状菌，进而达到抑制这种病菌继续繁育的目的。这项研究成果的推出及其明显效果的展示，使研究人员联想到也可使其他农作物产生抗病能力，新的试验目前还在进行中。

将基因工程或生物技术的成果用于环境保护是近十几年来发展较快的领域，它也是预示21世纪是生物学世纪的一个例证。当代该领域研究成果颇多，特别是运用已经掌握的转基因技术的不断完善，尤其

制出抗除草剂转基因直播水稻。这一新的基因工程稻的大田播种，不使用化学除草剂就可除净杂草，有利于环境保护。

该基因工程新稻种已在浙江的富阳、临安、丽水等地大面积种植。

5．抗病虫害基因重组黄瓜育成

日本农业生物资源研究所最近用基因重组技术培育出了一种抗病虫害能力很强的黄瓜。这种运用基因工程培育出的新

是随着基因组测序及功能基因的新发现，为开发抗病虫害农作物及其减少施肥新作物品种提供了强有力的手段，这一切对实施环境保护、维护农业生态平衡有着极其深远的意义。

6. 转基因颠茄能高效吸收和

颠茄

分解污染物

用植物净化被污染的水体和土壤等技术被学者们称为"植物修复环境技术"。日本科学工作者在对大约3000种植物进行调查研究后发现，颠茄这种植物有吸收和分解污染源物质多氯化联苯的能力。

在此基础上他们对该植物进行转基因处理，即把加速根部生长的功能基因导入颠茄细胞中，培育出了生长速度快、根部发达的重组基因颠茄，从而

大大提高了其吸收和分解污染物质的能力。生产实践表明，严重超标的工厂废水能够被它吸收80%。重组基因颠茄在环境保护中的特殊作用由《日经产业新闻》公布后，引起了国际上的广泛关注，很多国家积极引进这一现代生物技术成果，已取得了很好的环保效果。

7.转基因鹅掌楸树能有效分解有毒物质

美国佐治亚大学的斯科特·梅克莱和他的课题成员把一种名为"Mera"的功能基因导入美国鹅掌

鹅掌楸

楸的树木。这种功能基因来自细菌，它能消除环境中汞造成的污染。斯科特在研究报告中指出："检测已经证实，这种经过基因重组的美国鹅掌楸在转导这种基因后，获得了表达，能够有效地消除汞离子造成的环境污染。"

北亚利桑那大学的戴维·索尔特教授在评审这项基因工程成果时说："这项研究成果增加了如下可能性，这就是转基因鹅掌楸树具备把土壤中的汞等有害物散发到大气中从而消除了其毒性，净化了土壤，消除了污染。"评审者称这个过程为"植物蒸发"。

8. 用"基因剪切""酶接"培育成功抗放射性核废物细菌

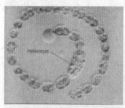

蓝细菌
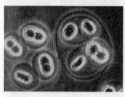

该项研究利用了一种耐放射性异常的土壤细菌。这种细胞已被确认为抗放射性能力最强的微生物。它的生理特性是能够修复自身的DNA，从而使其机体在不断遭受放射性物质攻击的情况下仍能生存下来。不仅如此，这种细菌还含有一种能分解化学物质的功能基因。在这一发现的基础上，研究者又将其他"版本"的功能基因剪切、酶接

到该细菌体内，从而使这种基因工程微生物进一步具备了分解甲苯、氯苯、三元低共溶氯化物等放射性化学物质和其他有毒化学物质的功能。

由美国能源部提供资助的这项研究报告称：甲苯和三元低共溶氯化物是能源部放射性废物处理场中最常见的有机污染物。

该研究报告公布后，由于其强有力的防污染功效，引起了广泛的关注，被誉为是现代生物技术领域在实施环境保护方面取得

的又一重大进展。

9.转基因技术育出环保猪

猪通常被认为是对环境有危害的家畜。它排泄的粪便中含有磷元素，能促使藻类生长，使水域很快形成富营养化状态，会造成河流、湖泊污染，并会使鱼类缺氧而大量死亡。

加拿大安大略省古尔弗大学

的科学工作者新近宣布，他们利用基因工程技术培育出了一种猪，其粪便中的含磷量比普通猪少20%～50%。这种基因工程猪是把老鼠和一些细菌的基因转导到猪的DNA中培育成的。

在国际上（如北美、欧洲和亚洲的一些国家和地区）都有这样一种规定："如果猪粪中磷的平均含量能够降低35%，从规定要求来说，养猪户就能够多养35%的猪而不会违反环保规定的要求。"这个规定的唯一根据就是猪排泄到地下水中的磷含量。

加拿大科学家的这项研究成果对国际上的养猪业起了很大的促进作用，对促进环境保护有强有力的作用。

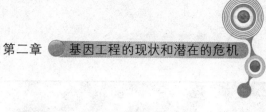

基因检测

基因检测是通过血液、其他体液、或细胞对DNA进行检测的技术。基因检测可以诊断疾病，也可以用于疾病风险的预测。疾病诊断是用基因检测技术检测引起遗传性疾病的突变基因。目前应用最广泛的基因检测是新生儿遗传性疾病的检测、遗传疾病的诊断和某些常见病的辅助诊断。目前有1000多种遗传性疾病可以通过基因检测技术做出诊断。疾病家庭的遗传史就是疾病易感基因的遗传所造成的，所以基因检测能够检测出这些遗传的易感基因型，检测准确率达到99.9999%。

近年来预测性基因检测的开展，利用基因检测技术在疾病发生前就发现疾病发生的风险，提早预防、或采取有效的干预措施。目前

已经有20多种疾病可以用基因检测的方法进行预测。检测的时候，先

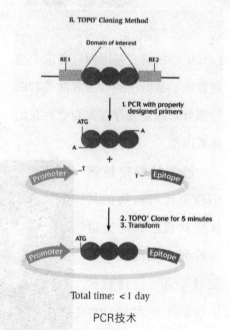

PCR技术

把受检者的基因从血液或其他细胞中提取出来。然后用可以识别可能存在突变的基因的引物和PCR技术将这部分基因复制很多倍，用有特

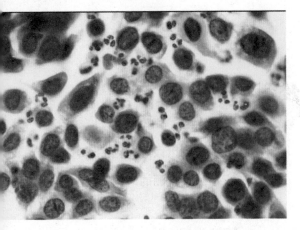

癌细胞

殊标记物的突变基因探针方法、酶切方法、基因序列检测方法等判断这部分基因是否存在突变或存在敏感基因型。

通常的医疗检测手段是针对疾病的具体症状或已有病变进行检测。现代科学的发展促进了医疗检验手段的不断发展，可以深入细微之处对疾病进行纵向或横向的剖析。

人体的基本组成部分是细胞，如果可以对细胞展开一种实质的剖析，就可以找到疾病产生的根源。如癌症是人体细胞发生突变并大量复制的结果。一般医疗检测手段是要看自己的身体是否已经有癌细胞存在，而对于没有产生癌变的细胞但已经具有的风险却无从得知。基因检测则不然，通过基因检测完全可以准确地告诉人们，未来某个生命时段是否存在发生某种疾病的可能性或机率，提出一个预警通知，以便及早采取有效的防病措施。

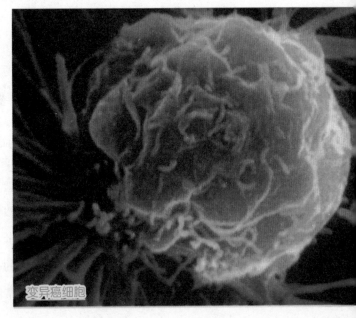

变异癌细胞

可以说，引发疾病的根本原因有三种：

（1）基因的后天突变；

（2）正常基因与环境之间的相互作用；

（3）遗传的基因缺陷。

绝大部分疾病，都可以在基因中发现病因。基因通过其对蛋白质合成的指导，决定我们吸收食物，从身体中排除毒物和应对感染的效率。

第一类与遗传有关的疾病有四千多种，通过基因由父亲或母亲遗传获得。

第二类疾病是常见病，例如心脏病、糖尿病、多种癌症等，是多种基因和多种环境因素相互作用的结果。

基因是人类遗传信息的化学载体，决定我们与前辈的相似和不相似之处。在基因"工作"正常的时候，我们的身体能够发育正常，功能正常。如果一个基因不正常，甚至基因中一个非常小的片断不正

常，则可以引起发育异常、疾病，甚至死亡。

健康的身体依赖身体不断的更

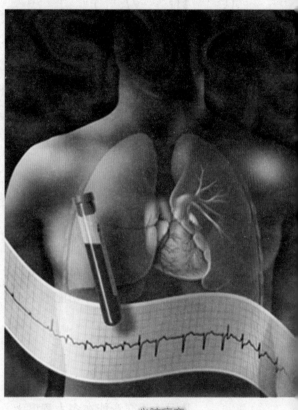

心脏病变

新，保证蛋白质数量和质量的正常，这些蛋白质互相配合保证身体各种功能的正常执行。每一种蛋白质都是一种相应的基因的产物。

基因可以发生变化，有些变化

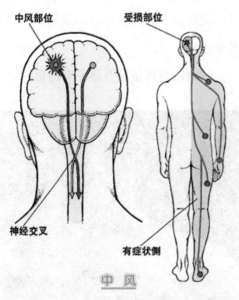

中风

不引起蛋白质数量或质量的改变，有些则引起。基因的这种改变叫做基因突变。蛋白质在数量或质量上发生变化，会引起身体功能的不正常以致造成疾病。

◎ 基因检测的作用

基因检测究竟能在多大程度上对人的健康起到作用？人体基因组内含有2万到2.5万个基因，目前科学家已经在其中找到了1000多种与疾病相关联的致病基因或易感基因，如癌症、心脏病、高血压、中风、糖尿病、哮喘、精神性疾病、老年痴呆等许多常见病，就是由易感基因在外界环境因素诱导下引发的。

通过我们的产品基因芯片健康检测卡对被检者身体细胞中的DNA进行基因芯片检测，数亿元的专业设备及生物学专家转为被检者检测身体所含的与肿瘤，糖尿病等多种疾病相关的易感基因，从而使被检者能及时了解自己的基因信息，改善自己的生活环境及生活习惯，及早预防肿瘤及相关疾病的发生。

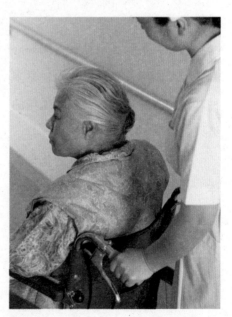

基因治疗

基因治疗的狭义概念指用具有正常功能的基因置换或增补患者体内有缺陷的基因，因而达到治疗疾病的目的；广义的概念指把某些遗传物质转移到患者体内，使其在体内表达，最终达到治疗某种疾病的方法。

基因治疗是指将人的正常基因或有治疗作用的基因通过一定方式导入人体靶细胞以纠正基因的缺陷或者发挥治疗作用，从而达到治疗疾病目的的生物医学新技术。基因是携带生物

遗传信息的基本功能单位，是位于染色体上的一段特定序列。将外源的基因导入生物细胞内必须借助一定的技术方法或载体，目前基因转移的方法分为生物学方法、物理方法和化学方法。腺病毒载体是目前基因治疗最为常用的病毒载体之一。基因治疗的靶细胞主要分为两大类：体细胞和生殖细胞。目前开展的基因治疗只限于体细胞。基因治疗目

前主要是治疗那些对人类健康威胁严重的疾病，包括：遗传病（如血友病、囊性纤维病、家庭性高胆固醇血症等）、恶性肿瘤、心血管疾病、感染性疾病（如艾滋病、类风湿等）。

基因治疗是将人的正常基因或有治疗作用的基因通过一定方式导入人体靶细胞以纠正基因的缺陷或者发挥治疗作用，从而达到治疗疾病目的的生物医学高技术。基因治疗与常规治疗方法不同：一般意义上疾病的治疗针对的是因基因异常而导致的各种症状，而基因治疗针对的是疾病的根源——异常的基因本身。基因治疗有二种形式：一是体细胞基因治疗，正在广泛使用；二是生殖细胞基因治疗，因能引起遗传改变而受到限制。

◎ 基因治疗的载体

基因治疗是一把双刃剑，目前在基因治疗研究或临床试验上，85%是使用病毒载体。2000年时，宾州大学有病人在基因治疗中死亡，2002年在法国又发生先天免疫不全症bubble boys基因治疗临床试验发生白血病的副作用。这两件失败的案例，皆被归因于病毒载

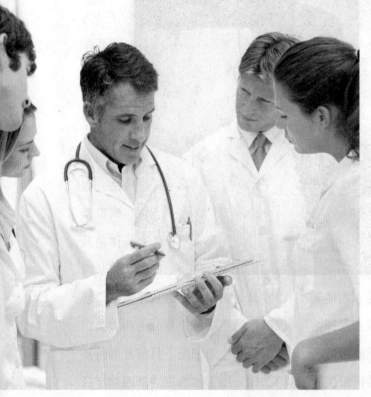

体的不安全性。据了解，均是由于逆转录病毒做为基因载体所引起的，因此，逆转录病毒载体逐渐被淘汰，而多用的是腺病毒和腺相关病毒，而腺病毒载体多用于肿瘤基因治疗。其优点是：易于培养和纯化；基因组大，因而可插入大片段外源基因；可高效地转导不同类型的人组织细胞；可转导非分裂细胞；在细胞培养物中有高滴度的重组病毒产量；

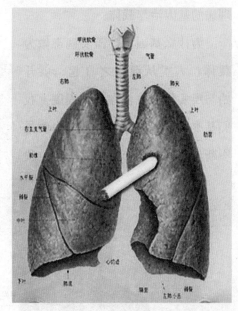

疫原性强，可引发机体产生强烈的炎症反应和免疫反应；几乎可以感染所有细胞，而缺乏特异性。但毒性较大，免疫反应重。较为优胜的是腺相关病毒，腺相关病毒（AAV）具有病毒基因组很小，如2型腺相关病毒是由4681个核苷酸组成的单链DNA，AAV可感染分裂期及静止期细胞，当辅助病毒不存在时，AAV能整合到宿主细胞基因组的特定区域，无致病性，免疫原性弱，因此，它无毒高效，是目前

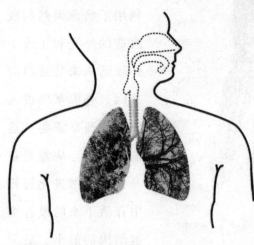

进入细胞内并不整合到宿主细胞基因组，仅瞬间表达，因而安全性较高；可原位感染组织，如肺等。其缺点是：表达外源基因时间短，免

理想的基因治疗载体。

为什么基因治疗需要病毒做为载体？人类从诞生之日起，就开始与疾病作斗争。在某种程度上我们基本可以说，人类发展史也就是不断与各种疾病作斗争的历史。我们通常所说用基因治病，实际上是指用导入人体内的基因的产物蛋白质来治病。通常是指把遗传物质（DNA或RNA）引入到患者的细胞中，以达到治疗疾病的目的。病毒作为载体是利用了病毒在几千年的自然进化过程中，与人类较量的漫长岁月中，它可以找到最有效的途径进入人体。而病毒载体利用了病毒天然的或改造的外壳和（或）外膜结构来装载目的基因。外源基因进入细胞中通常需要"运输工具"。病毒是在漫长的自然进化过程中存活下来的没有细胞结构的最小、最简单的生命寄生形式。它们通常可以高效率地进入特定的细胞类型，表达自身蛋白并

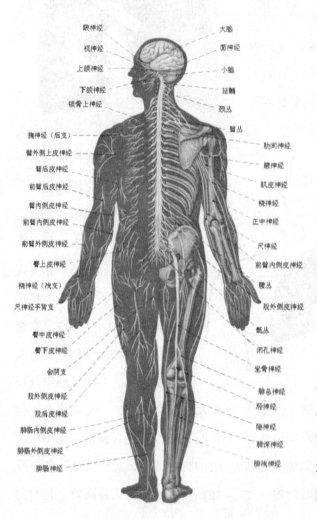

产生新的病毒粒子。因此，病毒是首先被改造作为基因治疗的载体。

时至今日，基因治疗的概念及其探索应用的范围均已被扩大。它不仅涉及遗传性疾病，而且涉及恶性肿瘤、心脑血管疾病、自身免疫疾病、内分泌疾病、中枢神经系统疾病等多基因疾病，以及包括艾滋病在内的传染性疾病，而备受人类的关注。

有些基因是需要在正常生理环境下才能表达的，比如在治疗糖尿病时，我们需要在人体血糖下降时，胰岛素才表达，但时时刻刻表达就会造成血糖浓度升高，因此，人们就想让它在表达的时候就表达，不表达的时候就不要表达，因此要做一个基因开关，通过控制转录过程使一个基因表达"释放"或"沉默"。比如，将小分子四环素与基因开关结合，应用四环素时基因开关就打开，把四环素一断掉，基因开关就关掉，人们能控制胰岛素有节制地释放，有节制地表达，从而达到基因治疗的目的。又比如恶性贫血，我们将促红细胞素利用基因治疗注入人体，如果时刻表达就会引起血浓度增高，利用基因开关有选择性的表达，就可达到基因治疗的目的。

◎ 基因治疗的程序

1. 目的基因的获得

目的基因的获得方法有：基因克隆、人工合成、PCR扩

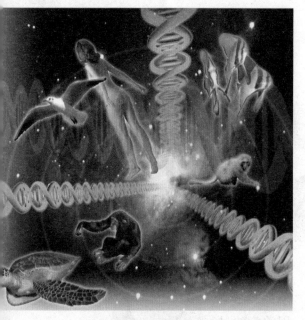

增以及基因组的降解等。目的基因可以来自人类基因组或DNA。目的基因必须置于启动子的控制下，还需要有信号肽序列使其分泌到胞外。用标记基因监测目的基因。

2. 受体细胞的选择

多体细胞的选择一般用体细胞（病变或非病变）作为受体，可选用淋巴细胞、造血细胞、上皮细胞、成纤维细胞、肝脏细胞甚至是肿瘤细胞。

3. 基因转移方法

导入基因有两种方法：

（1）ex vivo 途径：这是指将含外源基因的载体在体外导入人体自身或异体细胞（或异种细胞），经体外细胞扩增后，输回人体。ex vivo基因转移途径比较经典、安全，而且效果较易控制，但是步骤多、技术复杂、难度大，不容易推广；

（2）in vivo 途径：这是将外源基因装配于特定的真核细胞表达载体，直接导入体内。这种载体可以是病毒型或非病毒性，甚至是裸DNA。in vivo基因转移途径操作简便，容易推广，但目前尚未成熟，存在疗效持续时间短，免疫排斥及安全性等一系列问题。

4. 载体的选择

将目的基因置于启动子调控序

列下。

常用的载体有：质粒载体（穿梭质粒）、病毒载体

5.基因导入的方法

（1）脂质体介导法

（2）受体介导法

（3）理化方法：DNA-磷酸钙共沉淀法、显微注射法、电穿孔法、基因枪。

（4）病毒介导的基因转移：反转录病毒、腺病毒、腺相关病毒等。

6.转导细胞的选择与鉴定

（1）标记基因技术：目的基因与标记基因同时重组到同一载体。

（2）基因缺陷型受体细胞的选择：将正常基因导入基因缺陷行

靶细胞，用选择性培养基筛选。

（3）共转染技术：目的基因表达载体与标记基因表达载体混合，经两次筛选可得到转化细胞。

（4）分子杂交鉴定：目的基因和标记基因片段作探针（标记基因片段作探针更佳）。

◎ 基因治疗如何发挥作用

基因治疗采用基因治疗法治疗癌症，抑制肿瘤血管疗法目前采用的是抑制肿瘤血管生成的疗法，这种基因能抑制血管内壁细胞的增殖，抑制肿瘤血管的形成。肿瘤如果没有血管的血液供应是无法生长的，是肿瘤在没有营养的情况下逐渐萎缩，也就是我们通常说的"饿死"肿瘤。

基因治疗已经不限于是用在基因疾病的患者身上。在日本，只要在没有其他的治疗法或是只能撒手不管让患者自然死亡时，其应用都会受到许可。不过因为基因治疗并不是已经被确立的相当清楚地治疗法，所以是否能得到许可很重要。

基因是生命的密码，记录和传递遗传信息，生物体的生、长、病、老、死等一切生命现象的根源。基因是决定人体健康的内在因素，基因与人类的疾病密切相关。

实现基因与环境的互动，分享基因研究给人类带来的成果，我们能延长寿命，提高生命的质量。

随着人类基因组计划的完成，各科疾病相关基因的揭示，DNA转移技术的革新，以及对于在人体内重组载体表达的调控技术的提高，基因治疗必将在肿瘤疾病及遗传性疾病治疗中起重要作用，基因治疗在现代临床医学中具有广阔的前景。

基因工程的潜在危机

20世纪80年代初第一例转基因植物问世以来，以基因工程为中心的现代生物技术得到了迅猛发展并广泛地应用于农作物品种改良以及农业研究的其他领域。一个被称之为"基因革命"的新兴生物技术革命在解决世界粮食不足的问题上给予我们很大的帮助。同时转基因生物技术也给人类带来了一系列的生物安全问题。

目前为止，基因工程改造过的生物以及产品基本都是安全的，这当然是与各国政府制定相关法规以及各国科学家的共同努力分不开的。以农业上的基因工程为例，目前只发现一例有明显的副作用。即巴西坚果中有一种基因，可制造一种称为清蛋白的蛋白质。

"T病毒"跟"G病毒"的基本功能，都是加速生物体的新陈代谢，其中"T病毒"还好，只不过造成一部分的新陈代谢加速。之所以造成"生化危机事件"里那么

巴西坚果

大的灾变，是因为"T病毒"不正常繁殖，并且外泄至街道，才会

让整个浣熊市变成一座死城（或者说得更明白一点就是"T病毒暴走"）。如果将T病毒注射到一个生物体内，并且好好的培养它，该生物还是可以成为一个稳定的生物兵器。以之前所讲的"Tyrant"（暴君）为例，他虽然身上有T病毒，不过因为它是"培养"的，而不是"被感染"的，所以暴君不会像一般僵尸那样又腐臭又不能控制，反而相当强劲，因为"好好培养"可以完全发挥T病毒"加速新陈代谢"的功能。至于"G病毒"就是更可怕的家伙了。它加快生物体内新陈代谢的程度及威力，远比T病毒来得大，前一期已经说过了，G病毒不只会加速新陈代谢，甚至还有"进化"及"演化"的情况出现！受到T病毒或G病毒感染的生物体，它们在外表上都有相当大的变化。或者说得更直接一点："这些生物在受到T病毒与G病毒的感染之后，都发生了相当大的性状改变。"如果照我

们先前所说的基因工程理论，那就代表了："T病毒与G病毒，都是在无形中使用了基因剪接的方式，改变了生物体内部基因的含氮盐基顺序排列，所以使得该生物体的外观性状发生了如此大的变化"。

根据生物学理论的基础，今天我们如果要改变一个生物的长相，除了使用动手术的方式之外，就只有"改变该生物含氮盐基排列"，才能借由体内制造蛋白质的机制，改变该生物的外表。"生化危机事件"后，很多人只知道该生物在被注射T病毒（或G病毒）之后，身体发生很大的变化，却不知道其原因所在。在"生化危机事件"中发现的实验资料里，有这么样的一句话："威廉克服了人类在遗传学上的障碍，而且有了相当大的突破，使得他成为人类史上生物学的极致……"所以我们以目前人类现有的生物学能力，推论"T病毒与G病毒应该都是带有含氮盐基排列

的噬菌体"。这也就是说，T病毒跟G病毒，原先应该都是预定要用"基因剪接"的遗传学工程方式，来改变生物体的含氮盐基排列，使该生物的某些性状发生改变，例如肉体强化、力量变大、体力变强、手脚变粗、新陈代谢加速等。不过因为实验发生事故而爆炸，而且没有

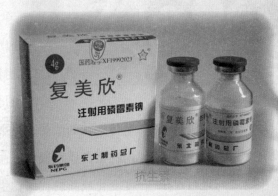
抗生素

稳定培养的状况之下，T病毒就失去控制，结果造成了后来的一连串惨剧……。还好G病毒并没有这样而外泄，否则就会发生比现在恐怖一百倍的状况。试想，街上走的都不是现在看到的僵尸，而是一堆大G强化体及三头六臂的畸形怪物，到时候就算兵力再多，有再多的火力，即使使用不成熟的武器——离子炮，也难逃一劫。

有的人还担心有些基因工程改造过的生物其危害恐怕不是短时间可看到的，例如在农业上人们已经通过基因工程获得了抗各种除草剂的农作物，这种基因工程使农作物种到地里，洒上除草剂，杂草便全被杀死。随着这种基因工程的农作物的花粉四散，与其他杂草进行授粉，几代以后杂草就有可能抗除草剂，这样杂草就更难杀死。

近来食品安全问题屡屡在媒体上报道，疯牛病曾使欧洲、乃至整个世界胆战心惊，英国为此付出了惨重的代价；在食品相对充裕的今天，人们对食品短缺的恐慌已经在很大程度上被食品安全的担忧所取代。

100年来传统的育种技术为人类提供了许多高产优质的粮食、水果和肉、禽、蛋和奶，但它们没

食 品

好处，但在评估食品的安全性时，仍必须分析由基因改造所产生的预期及非预期效果。由于转基因食品不同于相同生物来源的传统食品，

有在亲缘关系很远的物种间进行过基因交换，更没有在植物和动物，或高等生物和微生物之间进行过杂交。基因工程则是突破天然种间屏障进行的杂交，使人类的基因可能插入细菌中，牛的基因可能进入土豆或西红柿中。基因工程食品的出现无疑是人类征服自然的伟大成就。但是正如一位伟人曾指出的那样，人类征服自然的每项成就都能受到自然界的报复。

这些非天然的食品是否会给人类带来危害呢？尽管将转基因技术应用在食品的生产或制造有诸多

遗传性状的改变，将可能影响细胞内的蛋白质组成，进而造成成份浓度变化或新的代谢物生成，其结果

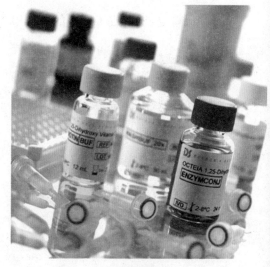

生长激素

可能导致有毒物质产生或引起人的过敏症状，甚至有人怀疑基因会在人体内发生转移，造成难以想象的后果。

转基因食品潜在危害包括：食物内所产生的新毒素和过敏原；不自然食物所引起其他损害健康的影响；应用在农作物上的化学药品增加水和食物的污染；抗除草剂的杂草会产生；疾病的散播跨越物种障碍；农作物的生物多样化的损失；生态平衡的干扰。

例如，已经发现一种基因工程大豆会引起严重的过敏反应；用基因工程细菌生产的食品添加剂色氨酸曾导致37人死亡和1500多人残废。最近发现，在美国许多超级市场中的牛奶中含有在牧场中施用过的基因工程的牛生长激素。一家著名的基因工程公司生产的西红柿耐储藏、便于运输，但它们含有对抗

抗生素的抗药基因，这些基因可以存留在人体内。人造的特性和不可避免的不完美会一代一代的流传下去，影响其他有关及无关的生物，它们将永远无法被收回或控制，后果是目前无法估计的。

有人认为基因工程带来的危险比迄今采用的技术都要大。因为许多损伤作用是不可逆的，我们必须防患于未然。诸如此类的安全性问题，已引起欧美等生物科技先进国家的重视，并针对这类产品之安全性及生物技术对环境的影响评估立法规范。

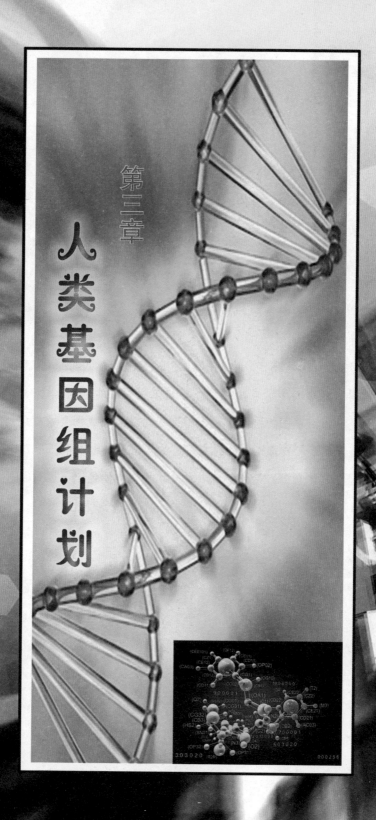

第三章

人类基因组计划

　　1985年，美国科学家率先提出了人类基因组计划，并于1990年正式启动。美国、英国、法兰西共和国、德意志联邦共和国、日本和我国科学家共同参与了这一价值达30亿美元的人类基因组计划。这一计划旨在为30多亿个碱基对构成的人类基因组精确测序，发现所有人类基因并搞清其在染色体上的位置，破译人类全部遗传信息。这一计划与曼哈顿原子弹计划和阿波罗登月计划并称为三大科学计划。

　　2000年6月26日，由美国、英国、法兰西共和国、德意志联邦共和国、日本和中国参加人类基因组工程项目的6国科学家共同宣布，人类基因组草图的绘制工作已经完成。最终完成图要求测序所用的克隆能忠实地代表常染色体的基因组结构，序列错误率低于万分之一。

　　在人体全部22对常染色体中，1号染色体包含基因数量最多，达3141个，是平均水平的两倍，共有超过2.23亿个碱基对，破译难度也最大。一个由150名英国和美国科学家组成的团队历时10年，才完成了1号染色体的测序工作。

　　科学家不止一次宣布人类基因组计划完工，但推出的均不是全本，这一次杀青的"生命之书"更为精确，覆盖了人类基因组的99.99%。解读人体基因密码的"生命之书"宣告完成，历时16年的人类基因组计划书写完了最后一个章节。

人类基因组计划的研究现状

◎ **人类基因组测序及其计划的目的**

1. 人类基因组测序

1990－1998年，人类基因组序列已完成和正在测序的共计约330Mb，占人基因组的11%左右；已识别出人类疾病相关的基因200个左右。此外，细菌、古细菌、支原体和酵母等17种生物的全基因组的测序已经完成。

1998年9月14日美国国家人类基因组计划研究所和美国能源部基因组研究计划的负责人在一次咨询会议上宣布，美国政府资助的人类基因组计划将于2001年完成大部分蛋白质编码区的测序，约占基因组的三分之一，测序

的差错率不超过万分之一。同时还要完成一幅"工作草图"，至少覆盖基因组的90%，差错率为百分之一。2003年完成基因组测序，差错率为万分之一。这一时间表显示，计划将比开始的目标提前两年完成。

2. 人类基因组计划的目的

为什么选择人类的基因组进行

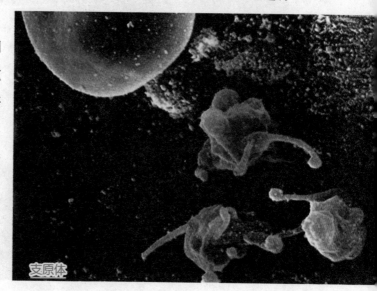

支原体

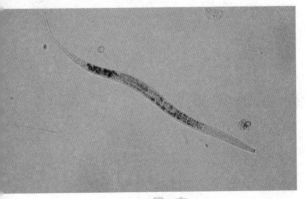

线 虫

研究？因为人类是在"进化"历程上最高级的生物，对它的研究有助于认识自身、掌握生老病死规律、疾病的诊断和治疗、了解生命的起源。

测出人类基因组DNA的30亿个碱基对的序列，发现所有人类基因，找出它们在染色体上的位置，破译人类全部遗传信息。

在人类基因组计划中，还包括对五种生物基因组的研究：大肠杆菌、酵母、线虫、果蝇和小鼠，称之为人类的五种"模式生物"。

HGP的目的是解码生命、了解生命的起源、了解生命体生长发育的规律、认识种属之间和个体之间存在差异的起因、认识疾病产生的机制以及长寿与衰老等生命现象、

为疾病的诊治提供科学依据。

◎ 疾病基因的定位克隆

人类基因组计划的直接动因是要解决包括肿瘤在内的人类疾病的分子遗传学问题。6000多个单基因遗传病和多种大面积危害人类健康的多基因遗传病的致

病基因及相关基因，代表了对人类基因中结构和功能完整性至关重要的组成部分。所以，疾病基因的克隆在HGP中占据着核心位置，也是计划实施以来成果最显著的部分。

在遗传和物理作图工作的带动下，疾病基因的定位、克隆和鉴定研究已形成了，从表位→蛋白质→基因的传统途径转向"反求遗传学"或"定位克隆法"的全新思路。随着人类基因图的构成，3000多个人类基因已被精确地定位于染色体的各个区域。今后，一旦某个疾病位点被定位，就可以从局部的基因图中遴选出相关基因进行分析。这种被称为"定位候选克隆"的策略，将在很大程度上提高发现疾病基因的效率。

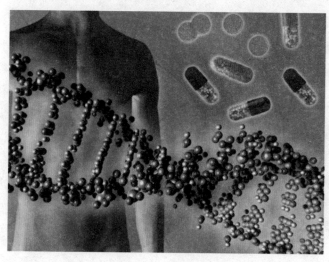

人类基因组测试进程及重大意义

"人类基因组计划"是由美国科学家、诺贝尔奖获得者达尔贝科提出的，其目标是测定人类23对染色体的遗传图谱、物理图谱和DNA序列，换句话说测出人体细胞中23对染色体上全部30亿个碱基（或称核苷酸）的序列，把总数约10万个的基因都明确定位在染色体上，破译人类全部遗传信息。1990年美国国会批准"人类基因组计划"，联邦政府拨款30亿美元启动了该计划，

随后英国、日本、法国、德国和中国相继加入。这个计划的意义

人类基因

可以与征服宇宙相媲美。

人体细胞中有23对共46条染色体，一个染色体由一条脱氧核糖核酸，即DNA分子组成，DNA又由四种核苷酸A、G、T和C排列而成。基因是DNA分子上具有遗传效应的片段，或者说是遗传信息的结构与功能的单位，基因组指的则是一个物种遗传信息的总和。如果将人体细胞中30亿个碱

基的序列全部弄清楚后印成书，以每页3000个印刷符号计，会有100万页。就是这样一本"天书"，蕴藏着人的生、老、病、死的丰富信息，也是科学家们进一步探索生命奥秘的"地图"，其价值难以估量。就其科学价值来说，从基因组水平去研究遗传，更接近生命科学的本来面目，由此还可以带动生物信息学等一批相关学科的形成和发展，可能带来的经济效益也是惊人的。

科学家们测出人类基因组全序列之后，对人体这个复杂的系统会有更好的认识，针对基因缺陷的基因疗法也会更有前景。而据美国《时代》周刊预测，到2010年，利用基因疗法已经可以治疗血友病、心脏病及一些癌症等。在医学上，

人类基因与人类疾病有相关性，与疾病直接相关的基因有5000～6000条，目前已有1500个相关基因被分离和确认。一旦弄清某基因与某疾病有关，人们就可以用基因直接制药，或通过筛选后制药，其科学价值和经济效益十分明显。

人类基因组计划尚未结束，后基因组计划已经被提上了议事日程。在科学家们看来，完成人类基因组DNA全序列测定只是破译人类遗传密码的基础，更重要和更大量的工作是功能基因组的研究。此外，基因的作用是编码蛋白质，真正执行生命活动的是蛋白质，与基因组学相比，蛋白质组学更接近生命的本来面目，一些科学家已经开始了蛋白质组的研究。

基因组如何改变未来

人类基因组研究是一项基础性的研究，有科学家把基因组图谱看成是指路图，类似于化学中的元素周期表，也有科学家把基因组图谱比作字典；但不论是从哪个角度去阐释，人类对自身在分子水平上的研究，其应用前景都是相当广阔的，尤其是在促进人类健康、预防疾病、延长寿命等方面。

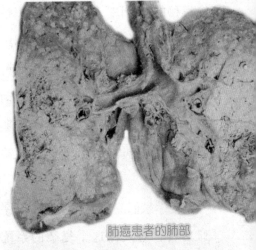

肺癌患者的肺部

基因研究不仅能够为筛选和设计新药提供基础数据，也为利用基因进行检测和治疗提供了可能。由于现在了解的主要疾病大多不是单基因疾病，而具有不同基因序列的人对不同的疾病会有不同的敏感性。比如，有同样生活习惯和生活环境的人，对同一种病的易感性会非常的不一样，都是吸烟人群，有人就易患肺癌，有人却不易。医生会根据各人不同的基因序列给予指导，因人而异地

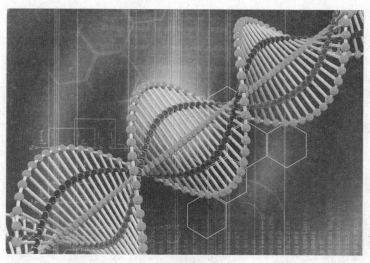

种级别的个人基因图谱的资格。随着技术的不断进步，或许在一二十年后，基因组测序所需的时间和成本就能降低到个人可以接受的程度。届时，医生可根据这些信息对某些疾病作出

养成科学合理的生活习惯，最大可能地预防疾病。

科学家们认为，人类有一个共同的基因组。任意挑出两个人，他们的基因序列99.9%以上是相同的。不同种族、不同个体间基因序列的差异不到0.1%，但正是极少数基因上的序列差别，形成了地球上千差万别的芸芸众生。

也许30至40年以后，如果你去看病，医生会问你是否带上了自己的基因图谱档案，你也会质疑医生是否具有解读某

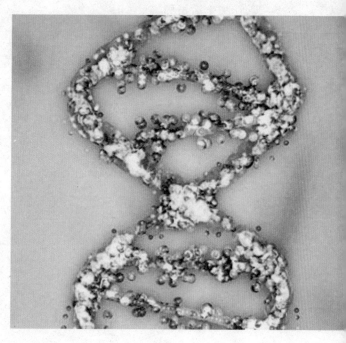

今天的基因组计划将如何改变人类的未来？人类基因组研究的知名专家、美国塞莱拉公司首席科学家范特教授说的一句话是最好的答案："破译基因组密码的意义就如同在刚发现电的那个时代，没有人能想象出个人电脑、互联网一样。"未来是难以预料的，但它已经越来越多地掌握在了人类自己的手中。

正确的基因诊断和预测某些疾病发生的可能性，进而对患者实施基因治疗和生活指导等。

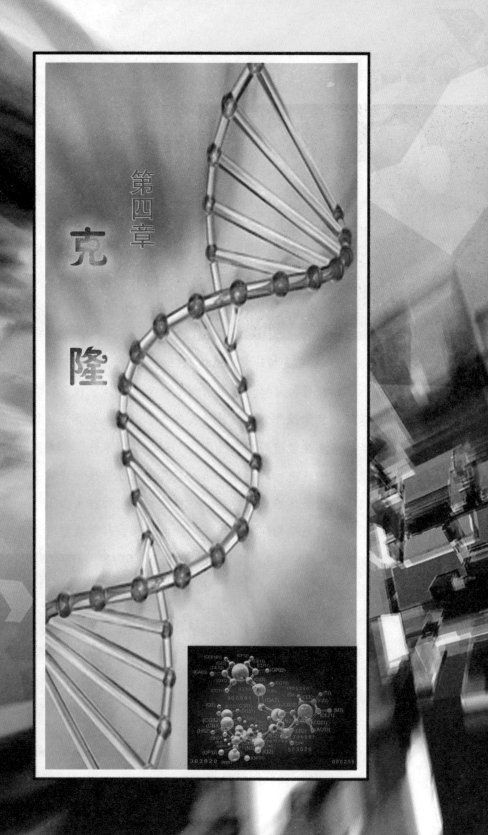

第四章

克隆

目前克隆技术、基因工程研究正突飞猛进向前发展，基因概念及其理论的建立，打开了人类了解生命并控制生命的窗口。克隆技术的广泛应用，已经在生物科学方面取得了不少的成果。

克隆一词是英文"clone"或"cloning"的音译，而英文"clone"则起源于希腊文"Klone"，原意是指幼苗或嫩枝，以无性繁殖或营养繁殖的方式培育植物，如扦插和嫁接。在中国内地译为"无性繁殖"，在中国台湾与港澳一般意译为复制或转殖或群殖。中文也有更加确切的词表达克隆，"无性繁殖""无性系化"以及"纯系化"。克隆是指生物体通过体细胞进行的无性繁殖，以及由无性繁殖形成的基因型完全相同的后代个体组成的种群。通常是利用生物技术由无性生殖产生与原个体有完全相同基因组织后代的过程。科学家把人工遗传操作动物繁殖的过程叫克隆，这门生物技术叫克隆技术，其本身的含义是无性繁殖，即由同一个祖先细胞分裂繁殖而形成的纯细胞系，该细胞系中每个细胞的基因彼此相同。

克隆的出现

克隆一般是指复制、拷贝的意思，克隆的复制品与原型一模一样，不论从外表还是遗传基因都与原型完全相同。到现在为止，"克隆"的含义已不仅仅是"无性繁殖"，凡是来自同一个祖先，无性繁殖出的一群个体，也叫"克隆"。这种来自同一个祖先的无性繁殖的后代群体也叫"无性繁殖系"，简称无性系。

事实上，克隆就是一种人工诱导的无性繁殖方式。但克隆与无性

猴 子

繁殖有区别。无性繁殖是指不经过雌雄两性生殖细胞的结合、只由一个生物体产生后代的生殖方

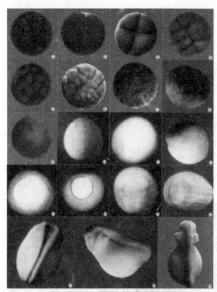

蛙的早期胚胎发育过程

承恩已有精彩的描述——孙悟空经常在紧要关头拔一把猴毛变出一大群猴子，这当然是神话，但用今天的科学名词来讲就是孙悟空能迅速的克隆自己。从理论上讲，猴子毛含全部脱氧核糖核酸序列，也就是可以克隆，其实，人类目前的克隆技术还没有达到想孙悟空那样先进的程度。

此外还有一种克隆方法是提取两个或多个人的基因细胞进行组合形成胚胎，出生后的克隆人将有提供基因的几个人的特征。就像游戏（终极刺客代号47）里面的克隆人47\17号一样，主角杀手47是一个克隆人。他的基因来源于五个人的组合在一起。

1983年的时候，德国胚胎学

式，常见的有孢子生殖、出芽生殖和分裂生殖。绵羊、猴子和牛等动物没有人工操作是不能进行无性繁殖的。

克隆羊多莉也是克隆的产物。在我国古代的时候就已经有了关于克隆的设想：我国明代的大作家吴

家、诺贝尔奖获得者施佩曼就提出了"核移植"的设想：能不能用这种方式创造生命，即把细胞核移植到成熟的去核卵母细胞中进行个体复制，这样获得的后代其遗传性状与供体细胞是一致的。这就是动物克隆。直到1952年，美国费城的科学家们第一次完成了施佩曼提出的这个设想。他们在蛙的囊胚细胞中，发育成了蝌蚪。1963年，我国著名生物学家童第周在世界上最早报道了鱼类的核移植克隆。1986年，英国科学家改进了核移植的细胞融合方法，引入了方便安全的电容合法，最终获得了世界上最早的克隆绵羊。

1997年7月，克隆绵羊"多莉"诞生的消息披露，立即引起全世界的关注，这只由生物学家通过克隆技术培育的绵羊，意味着人类可以利用动物身上的一个体细胞，产生出于这个动物完全相同的生命体，克隆绵羊的诞生也意味着人类一直认为的千古不变的自然规律已经成为了历史。

中国克隆技术发展简史

1965年，生物学家童第周对鲤鱼、鲫鱼进行细胞核移植。

1990年，西北农业大学畜牧所克隆一只山羊。

1992年，①江苏农科院克隆一只兔子。②中科院克隆了一只青蛙。（此实验失败）

1993年，中科院发育生物学研究所与扬州大学农学院携手合作，克隆一只山羊。

1995年，华南师范大学与广西农业大学合作，克隆一头奶牛和黄牛的杂种牛。

西北农业大学畜牧所克隆六头猪。

1996年，①湖南医科大学人类生殖工程研究所克隆六只老鼠。②中国农科院畜牧所克隆一头公牛。

（以上为胚胎细胞克隆研究）

　　1999年，①中国科学家周琪在法国获得卵丘细胞克隆小鼠，在国际上首次验证了小鼠成年体细胞克隆工作的可重复性，于2000年5月用胚胎干细胞克隆出小鼠"哈尔滨"，并于2000年10月获得第一只不采用"多莉"专利技术的克隆牛。②中国科学院动物研究所研究员陈大元领导的小组将大熊猫的体细胞植入去核后的兔卵细胞中，成功地培育出了大熊猫的早期胚胎。

　　1999年和2000年，扬州大学与中科院发育所合作，用携带外源基因的体细胞克隆出转基因的山羊。

　　2000年，中国生物胚胎专家张涌在西北农林科技大学种羊场接生了一只雌性体细胞克隆山羊"阳阳"。"阳阳"经自然受孕产下一对混血儿女，"阳阳"的生产可以证明体细胞克隆山羊和胚胎克隆山羊具有与普通山羊一样的生育繁殖能力。2002年中国首批成年体细胞克隆牛群体诞生。

克隆的基本过程

克隆技术是基因工程的一个前沿性的发展技术。掌握克隆的基本

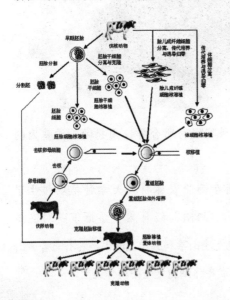

促使这一新细胞分裂繁殖发育成胚胎，当胚胎发育到一定程度后，再被植入动物子宫中使动物怀孕，便可产下与提供细胞者基因相同的动物。这一过程中如果对供体细胞进行基因改造，那么无性繁殖的动物后代基因就会发生相同的变化。

克隆技术不需要雌雄交配，不需要精子和卵子的结合，只需从动物身上提取一个单细胞，用人工的方法将其培养成胚胎，再将胚胎植入雌性动物体内，就可孕育出新

过程，可以使孙悟空把猴毛吹一口气变成许多猴子的神话变为现实。

克隆的基本过程是：先将含有遗传物质的供体细胞的核移植到去除了细胞核的卵细胞中，利用微电流刺激等使两者融合为一体，然后

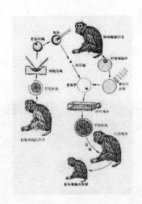

的个体。这种以单细胞培养出来的克隆动物，具有与单细胞供体完全相同的特征，是单细胞供体的"复制品"。英国英格兰科学家和美国俄勒冈科学家先后培养出了"克隆羊"和"克隆猴"。克隆技术的成功，被人们称为"历史性的事件，科学的创举"。有人甚至认为，克隆技术可以同当年原子弹的问世相提并论。

希特勒

克隆技术可以用来生产"克隆人"，可以用来"复制"人，因而引起了全世界的广泛关注。对人类来说，克隆技术是悲是喜，是祸是福？唯物辩证法认为，世界上的任何事物都是矛盾的统一体，都是一分为二的。克隆技术也是这样。如果克隆技术被用于"复制"像希特勒之类的战争狂人，那会给人类社会带来什么呢？即使是用于"复制"普通的人，也会带来一系列的伦理道德问题。如果把克隆技术应用于畜牧业生产，将会使优良牲畜品种的培育与繁殖发生根本性的变革。若将克隆技术用于基因治疗的研究，就极有可能攻克那些危及人类生命健康的癌症、艾滋病等顽疾。克隆技术犹如原子能技术，是一把双刃剑，剑柄掌握在人类手中。人类应该采取联合行动，避免"克隆人"的出现，使克隆技术造福于人类社会。

克隆技术的应用

克隆技术已展示出广阔的应用前景，概括起来大致有以下四个方面：

（1）培育优良畜种和复制濒危动物物种；

（2）生产转基因动物；

（3）细胞克隆技术；

（4）生产人胚胎干细胞用于细胞和组织替代疗法。以下就生产胚胎干细胞作简要的介绍。

◎ 培育保存优良畜种和复制濒危的动物物种

长期从事两种繁育的人都知道，培育良种难，保存两种更难。果树中的良种可以用嫁接的方法繁殖，水稻、小麦的良种繁殖就不能用嫁接的方法。水稻是一种自交程度很高的作物，即便如此，也无法保证其后代不出现分离。要想得到一个稳定的有用品种，是要经过几代辛勤

的选育才能得到的。动物的良种保存，常以选留雄性良种动物的方式进行，尽管我们选择的优良性状是由雌性动物体现出来的，但有性生殖与双亲有关，而一个雄性动物可以与多个雌性动物交配，所以，动物良种繁育中选育雄性动物极为重要。

特异品种的保存，当然也包括那些濒危物种的保存。濒危物种是指那些在世界存在数量极少、濒危灭绝的物种，如我国的大熊猫、金丝猴等。保护濒危动物就是维护生物的多样性，生物多样性程度越高，地球这个大生态系统就越稳定，于是生存于这个生态系统中的人类的生活质量就越高。

◎ 生产转基因动物

转基因动物研究是动物生物工

大熊猫

金丝猴

程领域中最诱人和最有发展前景的课题之一，转基因动物可作为医用器官移植的供体、作为生物反应器，以及用于家畜遗传改良、创建疾病实验模型等。但目前转基因动物的实际应用并不多，除单一基因修饰的转基因小鼠医学模型较早得到应用外，转基因动物乳腺生物反应器生产药

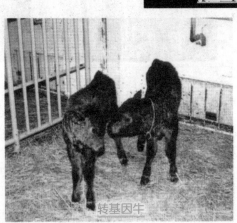
转基因小鼠

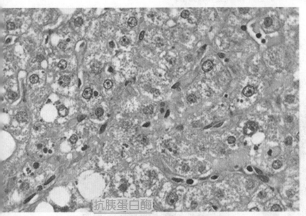
转基因牛

有2例药品进入3期临床试验，5至6个药品进入2期临床试验；而其农艺性状发生改良、可知畜牧生产应用的转基因家畜品系至今没有诞生。转基因动物制作效率低、定点整合困难所导致的成本过高和调控失灵，以及转基因动物有性繁殖后代遗传性状出现分离、难以保持始祖的优良性状，是制约当今转基因动物实用化进程的主要原因。

转基因动、植物可以用于药物生产。如"人a1-抗胰蛋白酶"是诱人的QI抗胰蛋白酶基因合成

抗胰蛋白酶

物蛋白的研究时间较长，已进行了10多年，但目前在全世界范围内仅

乳的方式产生人a1-抗胰蛋白酶，产量达每升35克。构建转基因动、植物需要较高的成本，由于目前还没有一种十拿九稳的技术，使我们想要什么就能得到什么。于是，内转基因动、植物生产地药物价格也就便宜不下来。克隆技术的完善为转基因动物的繁殖开辟了一条通道，应用克隆技术可以将上述的转基因绵羊大量繁殖，从而可在降低成本的同时大幅度提高产量。

体细胞克隆的成功为转基因动物生产掀起一场新的革命，动物体细胞克隆技术为迅速放大转基因动物所产生的种质创新效果提供了技术可能。采用简便的体细胞转染技术实施目标基因的转移，可以避免家畜生殖细胞来源困难和低效率。同时，采用转基因体细胞系，

的，它能抑制弹性蛋白酶的活性，面后者会导致纤维变性，所以人a1-抗胰蛋白酶可用于治疗囊状纤维、特异性皮炎和肺气肿等疾病。1991年有人将a1-抗胰蛋白酶基因导入绵羊体内，得到了带有该基因的转基因绵羊。转基因绵羊能以泌

可以在实验室条件下进行转基因整合预检和性别预选。在核移植前，先把目的外源基因和标记基因的融合基因导入培养的体细胞中，再通过标记基因的表现来筛选转基因阳性细胞及其克隆，然后把此阳性细胞的核移植到去核卵母细胞中，最后生产出的动物在理论上应是100%的阳性转基因动物。采用此法，Schnieke等已成功获得6只转基因绵羊，其中3只带有人凝血因子IX基因和标记基因，3只带有标记基因，目的外源基因整合率高达

50%。Cibelli同样利用核移植法获得3头转基因牛，证实了该法的有效性。由此可以看出，当今动物克隆技术最重要的应用方向之一，就是高附加值转基因克隆动物的研究开发。

◎ 细胞克隆技术

一个细菌经过20分钟左右就可一分为二；一根葡萄枝切成十段就可能变成十株葡萄；仙人掌切成几块，每块落地就生根；一株草莓依靠它沿地"爬走"的匍匐茎，一年内就能长出数百株草莓苗……凡此种种，都是生物靠自身的一分为二或自身的一小部分的扩大来繁衍后代，这就是无性繁殖。

细胞克隆技术，在生物学中的正规术语为细胞培养技术。不论对于整个生物工程技术，还是其中之一的生物克隆技术来说，细胞培养都是一个必不可少的过

草莓植株

程，细胞培养本身就是细胞的大规模克隆。细胞培养，既包括微生物细胞的培养，也包括动物和植物细胞及动植物组织的培养。

液体培养基

细胞的生长需要一定的营养环境和用于维持细胞生长的营养基质。营养基质称为培养基。培养基按其物理状态可分为液体培养基和固体培养基。液体培养基用于大规模的工业生产以及生理代谢等基本理论的研究工作。液体培养基中加入一定的凝固剂或固体培养物便成为固体培养基。固体培养基为细胞的生长提供了一个营养及通气的表面，在这样一个营养表面上生产的细胞可形成单个菌落。因此，固体培养基在细胞的分离、鉴定、计数等方面起着相当重要的作用。

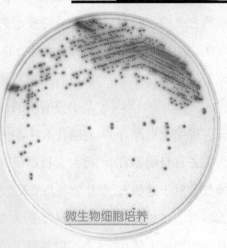

微生物细胞培养

固体培养基

克隆技术的意义

克隆技术的发展走到了科学技术发展的前沿，克隆技术在基础研究中的应用也是很有意义的，它为研究配子和胚胎发生，细胞和组织分化，基因表达调控，核质互作等机理提供了工具。

就医学界而言，现今全世界有成千上万的人因为失去自身的器官而十分痛苦，克隆技术对于这些人来说，无疑是一大福音。试想，一个从小失明的人能在成年后重见光明，一个因交通事故失去双手的人能重新"长"出一双手来……如果克隆的研究获得成功，将为白血病、帕金森病、心脏病和癌症等疾病患者带来生

帕金森病

的希望。而且这种治疗方法会最大程度地减少副作用的产生。

克隆技术的发展对生物学界也是有很大益处的。目前人类对自然界的各种生物乃至人类本身的了解还是十分有限的。如果能运用先进的克隆技术对某些生物进行研究，那么将大大提高研究的效率，从而加快生物界乃至人类社会发展的进程。

科学的发展是人类进步的标志，但是科学的发展有利也有弊，利用科学为人类造福是展开科学研究的真正目的，利用科学来危害人类的生存是一种可耻之举。如果能够很好的利用克隆技术来为人类服务的话，人类将在克隆技术方面受益匪浅，我们期待着克隆技术随着科学技术的不断进步成为人类开发生存之道的主力军。

克隆技术的利与弊

一、克隆技术的益处

1. 利用克隆等生物技术，改变农作物的基因型，产生大量抗病、抗虫、抗盐碱等的新品种，从而大大提高农作物的产量。

2. 利用克隆技术，可培育大量品种优良的家畜，如培养一些肉质好的牛、羊和猪等，也可以培养一些产奶量高，且富含人体所需营养元素的奶牛。

3. 克隆技术可对医疗保健工作产生重大影响，如依靠分子克隆技术，搞清致病基因，提出疾病产生的分子生物学机制；为器官移植寻求更广泛的来源，将人的器官组织和免疫系统的基因导入动物体内，长出所需要的人体器官，可降低免疫排斥反应，提高移植成功率。

4. 克隆技术可为医学研究提供更合适的动物，大大提高试验的精确度和安全性。

5. 克隆技术与遗传育种

在农业方面，人们利用"克隆"技术培育出大量具有抗旱、抗

倒伏、抗病虫害的优质高产品种，大大提高了粮食产量。在这方面中国已迈入世界最先进的前列。

6. 克隆技术与濒危生物保护

克隆技术对保护物种特别是珍

牛　奶

稀、濒危物种来讲是一个福音，具有很大的应用前景。从生物学的角度看，这也是克隆技术最有价值的地方之一。

7.克隆技术与医学

在当代，医生几乎能在所有人类器官和组织上施行移植手术。但就科学技术而言，器官移植中的排斥反应仍是最为头痛的事。排斥反应的原因是组织不配型导致相容性差。如果把"克隆人"的器官提供给"原版人"，做器官移植之用，则绝对没有排斥反应之虑，因为二者基因相配，组织也相配。问题是，利用"克隆人"作为器官供体合不合乎人道？是否合法？经济是否合算？

克隆技术还可用来大量繁殖有价值的基因，例如，在医学方面，人们正是通过"克隆"技术生产出治疗糖尿病的胰岛素、使侏儒症患者重新长高的生长激素和能抗多种病毒感染的干扰素，等等。

侏儒症患者

侏儒症

8. 生长周期短，遗传性状稳定

9. 克隆技术可解除那些不能成为母亲的女性的痛苦。

10. 克隆实验的实施促进了遗传学的发展，为"制造"能移植于人体的动物器官开辟了前景。

11. 克隆技术也可用于检测胎儿的遗传缺陷。将受精卵克隆用于检测各种遗传疾病，克隆的胚胎与子宫中发育的胎儿遗传特征完全相同。

12. 克隆技术可用于治疗神经系统的损伤。成年人的神经组织没有再生能力，但干细胞可以修复神经系统损伤。

二、克隆技术的弊端

克隆技术在短期内会造福人类，但是终将给人类带来灾难。虽然克隆出来的某些器官可以救治肢残或患其他疾病者，并且可以复制出去世的亲人。但是克隆技术如果用于复制人，就是人类精神和物质上的双重灾难，精神上人类的伦理道德将被破坏，身体上克隆技术具有未知的问题，可能会引起几代后的人的基因变异。更严重的是长大后的基因人也是人，也受法律保护，他们自由婚恋的权力必将受宪

克隆人

然生殖的替代和否定，打破了生物演进的自律性，带有典型的反自然性质。与当今正在兴起的崇尚天人合一、回归自然的基本文化趋向相悖。

3. 哲学层面，通过克隆技术实现人的自我复制和自我再现之后，可能导致人的身心关系的紊乱。人的不可重复性和不可替代性的个性规定因大量复制而丧失了唯一性，丧失了自我及其个性法保护，他们的后代将混入人群，如果若干代后从社会学角度，将会将克隆人的基因传至全世界，一旦发生未知变化，人类将面临灭亡。

1. 生态层面，克隆技术导致的基因复制，会威胁基因多样性的保持，生物的演化将出现一个逆向的颠倒过程，即由复杂走向简单，这对生物的生存是极为不利的。

2. 文化层面，克隆人是对自

克隆技术

特征的自然基础和生物学前提。

4. 血缘生育构成了社会结构和社会关系。为什么不同的国家、不同的种族几乎都反对克隆人，原因就是这是另一种生育模式，现在单亲家庭子女教育问题备受关注，就是关注一个情感培育问题，人的成长是在两性繁殖、双亲抚育的状态下完成的，几千年来一直如此，克隆人的出现，社会该如何应对，克隆人与被克隆人的关系到底该是什么呢？

5. 身份和社会权利难以分辨。假如有一天，突然有20个儿子来分

你的财产，他们的指纹、基因都一样，难道也要像汽车挂牌照一样在他们额头上刻上克隆人川A0001、克隆人川A0002之类的标记才能识别。

6. 可能支持克隆人的人有一个观点：解决无法生育的问题。但一个没有生育能力的人克隆的下一代还会没有生育能力。

7. 自认为优秀，可克隆出的人除血型、相貌、指纹、基因和自己一样外，其性格、行为可能完全不同，而且不能保证克隆人会和原人类一样优秀而不误入歧途。

8. 在克隆人研究中，如果出现异常，有缺陷的克隆人不能像克隆的动物随意处理掉，这也是一个麻烦。因此在目前的环境下，不仅是观念、制度，包括整个社会结构都不知道怎么来接纳克隆人。

9. 根据信息克隆生物有早衰性，"多莉"也是，因而已逝世。

10. 克隆的坏处：对伦理学界来说，克隆人行为关涉到一个很严重的伦理问题，因为它侵犯了伦理学的基本原则，比如不伤害原则，自主原则，平等原则等。